Thomas Koch

Die Zielgruppe sind auch nur Menschen

Thomas Koch

Die Zielgruppe
sind auch nur Menschen

42 Episoden
aus meinem wilden
Leben als Werber

Econ

Econ ist ein Verlag
der Ullstein Buchverlage GmbH

ISBN: 978-3-430-20169-8

Gesetzt aus der CamingoDos Pro und Quadraat Pro
Satz: LVD GmbH, Berlin
Druck und Bindearbeiten: GGP Media GmbH, Pößneck
Printed in Germany

Inhalt

Für Christiane. Weil sie mich liebt, wie ich bin.

Vorwort

Sie haben sicher schon etliche Management-Ratgeber-Bestseller gelesen. Ich nenne sie »How-To-Do-Everything-Right-Bücher«. Sie strotzen vor Zitaten und Erlebnissen weltberühmter CEOs und vor Untersuchungsergebnissen unbekannter Forscher und Psychologen an irgendwelchen amerikanischen Universitäten. Sie lesen sich gut. Sie sind der perfekte Lesestoff für wissenshungrige und erfolgsdurstige Führungskräfte und So-möchte-ich-es-auch-Macher. Sonst wären es ja keine Bestseller.

Das Eigentümliche an diesen Büchern fand ich immer, dass man sie zwar gern liest, aber die Ratschläge nur äußerst selten befolgen kann. Die beschriebenen Situationen sind für uns meist viel zu weit weg; die Ratschläge bewegen sich zwischen kryptisch (»Lassen Sie sich kein X für ein U vormachen«) und ayurvedisch (»Meist kommt es anders, als man denkt«). Wir geraten eben nur selten in die Situation eines General-Electric-CEOs wie Jack Welch oder schwingen uns auf, ein Computerimperium zu begründen, wie Steve Jobs oder Bill Gates.

Ich habe Dutzende solcher Bücher mit Vergnügen gelesen, habe sie regelrecht inhaliert. Und habe am eigenen Leib gespürt, dass sie einem nicht weiterhelfen – nicht jedenfalls fürs eigene Leben, um das es einem schließlich geht. Deshalb habe ich eine andere Art Buch schreiben wollen. Über wirkliche Begebenheiten eines wirklichen Menschen, aus dem wirklichen Leben.

Aus den hier versammelten Anekdoten kann jeder etwas

mitnehmen. Jeder, der Lust hat auf Werbung und Kommunikation. Auch diejenigen, die dieses seltsame Kribbeln in sich spüren und sich selbständig machen wollen. Egal, ob in der Werbebranche oder einer anderen. Die Gefühle sind dieselben. Die Erlebnisse sind dieselben. Das Abenteuer wird immer dasselbe sein.

Lassen Sie sich von einem, der sich nach all den Jahren »Urgestein der deutschen Mediabranche« nennen lassen darf, berichten
- von der wahren Kunst der Werbung und warum Werbung Spaß macht
- was eine Marke ausmacht und warum auch Menschen Marken sein dürfen
- warum Computer in der Werbung niemals siegen werden
- von den Tücken und Fallstricken der Selbständigkeit
- von persönlichen Katastrophen und großen Siegen
- von hilfreichen Menschen und solchen, die man am liebsten zum Teufel jagen würde
- von Selbstfindung, der Suche nach dem eigenen Talent und der Erfüllung, anderen Menschen eine Perspektive zu geben
- und warum Geld nicht glücklich macht.

Dies ist mein Resümee nach 42 Jahren. Es ist ein Dankeschön an eine Branche, die ich liebe. Es ist aber auch eine Abrechnung mit allem, was mir an dieser Branche nie gefiel. Und es ist ein Aufruf an alle, die wie ich, in jungen Jahren in diese Branche einsteigen, um sie zu verändern: Bleiben Sie Ihren Visionen treu und lassen Sie sich niemals unterkriegen. Gehen Sie Ihren Weg.

Prolog

Auf meiner Couch im Düsseldorfer Büro am Vogelsanger Weg saßen zwei anzugbekleidete, äußerst grimmig dreinblickende Herren vom örtlichen Finanzamt. Der rechts sitzende Herr schaute in seine Unterlagen, warf seinem Kollegen einen kurzen Blick zu und sah dann zu mir auf. »Wir müssen Sie anzeigen. Verdacht auf Steuerhinterziehung in Millionenhöhe. Und eigentlich müssten wir Sie wegen Verdunklungsgefahr auf der Stelle in U-Haft nehmen. Würde hier das Finanzamt Duisburg ermitteln, könnten Sie den heutigen Abend nicht zu Hause verbringen.«

Mir rutschte das Herz in die Hose. Und während die beiden Finanzbeamten redeten und redeten und ich in ihre finsteren Gesichter sah, wurde mir langsam klar, worum es ging. Wir arbeiteten damals bereits seit Jahren für Mannesmann Mobilfunk D2, heute bekannt als Vodafone. D2 war unser mit Abstand größter Kunde, der Kunde, mit dem meine Agentur und ihr Ansehen Jahr um Jahr wuchsen. Für die Abrechnung der immerhin 100 D2-Media-Millionen gab es ein gemeinsam geführtes Unterkonto. Das war nicht ungewöhnlich bei einem so großen Auftrag. Es sorgte schlichtweg dafür, dass sich die D2-Gelder nicht mit denen anderer Kunden vermischten.

Irgendwas musste da schiefgegangen sein. Womöglich hatte sich in der Buchhaltung ein Fehler eingeschlichen, von dem ich nichts wusste. Mit solch banalen Erklärungen gaben sich die Finanzbeamten jedoch nicht zufrieden. Mit diesen beiden Herren war überhaupt nicht zu spaßen. Ich kannte sehr wohl den Spruch, wonach der Geschäftsführer einer GmbH stets mit einem Bein im Gefängnis steht. Mich selbst hatte ich von dieser Regel immer ausgenommen. Doch nun war die Lage ernst.

Wie war ich bloß jemals auf die hirnrissige Idee verfallen, diese Agentur zu gründen?

I
Ach, Kanada!

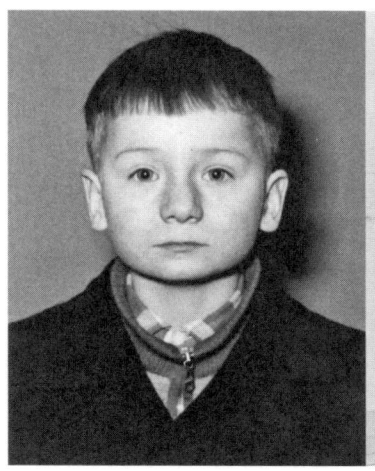

| Als Kind ein schüchterner Unschuldsengel. | Aber schon früh ein Weltenbummler. |

Ungeduldig war ich vom ersten Tag an. Und ein Kämpfer. Ja, das könnte tatsächlich die treffendste Beschreibung meiner Person sein. Es begann bereits bei meiner Geburt. Nach nur sieben Monaten wollte ich schon hinaus in die spannende Welt. Mein geheimer Plan war offenbar, um jeden Preis als Wassermann auf die Welt zu kommen. Die Geburt verlief dramatisch, und als ich schließlich auf der Welt war, gingen die Ärzte davon aus, dass nur einer von uns – meine Mutter oder ich – überleben würde. Also kümmerten sie sich um mein Wohlergehen. So war das damals Brauch in katholischen Kreißsälen. Nicht üblich hingegen war, dass werdende Väter der Geburt beiwohnten. Doch da es um Leben und Tod ging, wurde mein Vater dazugerufen. Als er wahrnahm, dass sich die Ärzte um mich kümmerten und seine Frau ihrem Schicksal überließen, schritt er beherzt ein. Er wusste immer, was er wollte; das sollte sich noch oft genug zeigen. Er forderte die Mediziner auf, umgehend das Leben meiner Mutter zu retten – und das seines neugeborenen Sohnes hintanzustellen, was ich ihm schwerlich verübeln kann. Nachdem meine Mutter das Gröbste überstanden hatte, stellte man wohl eher zufällig und zur Verblüffung aller Anwesenden fest: Ups, der Junge lebt ja noch. Die nächsten zwei Monate verbrachte ich in einem Brutkasten, aber den ersten Kampf hatte ich für mich entschieden. Der turbulente Anfang war ein guter Vorgeschmack auf den Rest meines Lebens.

Meinen Vater habe ich als patriarchalischen Träumer in Erinnerung. Seine Faszination waren fremde und ferne Länder. Er hatte seinen Traum zum Beruf gemacht, war Reisebürokaufmann geworden – ein in den 50er Jahren durchaus noch exotischer Beruf.

1957, ich war fünf, wurde in der jungen Bundesrepublik der Wehrdienst wiedereingeführt. Mein Vater beschloss kurzerhand, dass seine beiden Jungs – meinen jüngeren Bruder und mich trennten eineinhalb Jahre – niemals eine Waffe tragen würden. Er selbst war mit siebzehn in den letzten Kriegswirren noch eingezogen worden und hatte anscheinend Traumatisches erlebt, über das er selten sprach. Seine Kompanie, an der Grenze zu Holland stationiert, erkannte die Ausweglosigkeit der Lage, desertierte und geriet in kanadische Kriegsgefangenschaft. Die Kanadier behandelten ihre deutschen POWs, ihre Kriegsgefangenen, gut, und mein Vater wurde nach Kriegsende wohlbehalten in die Düsseldorfer Heimat entlassen.

Nun stand sein Entschluss fest: Um mich und meinen Bruder vom Wehrdienst fernzuhalten, würden wir nach Kanada auswandern. Dass meine Mutter das ausdrücklich und unter keinen Umständen wollte, hielt ihn nicht von seinem Vorhaben ab. Er ließ sich vom DER-Reisebüro eine Stelle in Sault Ste. Marie im Fadenkreuz der Great Lakes vermitteln, und wir sollten nachkommen. Sechs Monate später bestiegen meine Mutter, mein kleiner Bruder und ich eine Super Constellation der Lufthansa, die uns über Shannon in Irland und St. John, Neufundland, in die neue Heimat Ontario brachte.

Sault Ste. Marie war ein eher verschlafenes Städtchen, keine Metropole wie Toronto, aber doch nicht so gottverlassen wie die zahllosen Städte inmitten der kanadischen Prärie. Plötzlich lebten wir nicht mehr zusammengepfercht in einer winzigen Wohnung, wie im noch lange nicht wiederaufgebauten Düsseldorf, sondern in einem, zumindest in meinen Augen, unvorstellbar großen Domizil. In einem neuen Paradies. Das Glück meines Vaters, der sich seinen Traum erfüllt hatte, übertrug sich auf uns alle.

Doch es gab auch Anlass zur Sorge. Ich war etwa sechs, als ich morgens beim Frühstück von meinen nächtlichen Abenteuern zu erzählen begann. Ich berichtete, dass mein Stofftier, ein Affe mit dem seltsamen Namen Herr Sagensix, mich jede Nacht mit auf seine Reisen durchs Weltall mitnahm. Ich erzählte von unseren aufregenden Expeditionen zu fremden Welten und freute mich jeden Abend schon aufs Zubettgehen. Meine Mutter, das verriet sie mir erst viel später, war entsetzt. Sie konnte sich nicht erklären, woher diese eigentümlichen Phantasien stammten. Sie schleppte mich sogar zu einem Arzt, der an mir jedoch keine Anomalien feststellte. Auch nicht, als ich ihm voll des Ernstes erzählte, dass Herr Sagensix mich auf meine spätere Ausbildung zum Weltraumfahrer vorbereite.

Ansonsten verlief meine Kindheit unbekümmert. Eineinhalb Jahre später zogen wir nach Montreal, wo mein Vater eine Stelle bei der Lufthansa angeboten bekam. Von der Größe der kanadischen Metropole bekam ich als Siebenjähriger wenig mit, denn wir lebten in einem hübschen Stadtteil, in dem sich alle kannten. In der Nachbarschaft gab es fast nur Immigranten, die sich gerade erst in der neuen Umgebung zurechtfanden. Und jeder half jedem. Ich genoss Fernsehen, Softdrinks und Peanut-butter-and-jelly-Sandwiches, lange bevor Gleichaltrige in Deutschland wussten, dass es das alles überhaupt gab. Noch mehr als das haben mich wahrscheinlich die Weite des Landes und die damit verbundene Freiheit in jungen Jahren entscheidend geprägt. Wie sich diese Freiheit für mich als Kind anfühlte? Im Nachhinein, glaube ich, war es das Gefühl, dass jeder alles im Leben machen kann, wenn er es nur will. Denn das war es, was ich um mich herum wahrnahm. Wie sehr das mein Leben beeinflussen würde, konnte ich als Jugendlicher noch nicht ahnen.

Als die Beatles am 9. Februar 1964 zum ersten Mal in der Ed Sullivan Show, der größten Unterhaltungsshow des nordamerikanischen Kontinents, auftraten, hatte ich – inzwischen zwölf – von älteren Mitschülern mitbekommen, dass ein großes Ereignis bevorstand. Sie hatten recht: Ich saß wie gebannt vor dem Fernseher und war augenblicklich infiziert. Am nächsten Morgen täuschte ich Fieber vor, schwänzte die Schule, wartete, bis meine Mutter einkaufen ging, und rannte hinüber zum nahegelegenen Shopping Center, um mir »She Loves You« zu kaufen. Ich war so hingerissen, dass ich die Single immer wieder abspielte und nicht bemerkte, dass meine Mutter das Zimmer betrat, um sich nach meinem »Fieber« zu erkundigen. Sie sah es mir nach. Denn obwohl sie klassische Musik studiert hatte, musste sie zugeben, dass ihr die Beatlesmelodien recht gut gefielen. Nur die Haare in die Stirn wachsen lassen – das erlaubte sie mir nicht.

Unbekümmert blieb meine Kindheit bis zu dem Tag, an dem mein Vater an Multipler Sklerose erkrankte. Damals wurde diese heimtückische Krankheit meist zu spät diagnostiziert und konnte ohnehin so gut wie nicht behandelt werden. Als mein Vater erfuhr, wie es um ihn stand, traf er einen folgenschweren Entschluss: Er wollte zurück nach Deutschland – um seine vermeintlich letzten Monate in der Heimat zu verbringen. Meine Mutter war entsetzt. Wir alle waren längst eingebürgert und waschechte Kanadier geworden. Sie wollte alles, nur nicht nach Deutschland zurück. Doch mein Vater ließ nicht mit sich reden, und es folgte das Unausweichliche: Im Alter von dreizehn fand ich mich in Nievenheim, einem unsäglichen Kaff zwischen Düsseldorf und Köln, wieder. Nach Jahren in der modernen Metropole Montreal empfand ich das als reinste Kindesmisshandlung. Und so blieb ich in meinem Selbstverständnis immer Kanadier – sehnte mich auch noch Jahre später nach der im Rückblick so makellosen frühen Heimat.

Ausgekocht: Wie sehr einen Dinge prägen, stellt sich oft erst Jahrzehnte später heraus. Stehen Sie dazu, es ist ein Teil von Ihnen. Und vielleicht genau das, was Sie für Ihr Leben brauchen.

2

Macht kaputt, was euch kaputt macht

Als könnte ich kein Wässerchen trüben. Doch im Inneren brodelte es bereits.

Der Wiedereinstieg in Deutschland erwies sich als hart. In meinen Augen war das Leben in Kanada ein Traum an Unbeschwertheit gewesen – und alles in Deutschland dagegen einfach nur unwirklich. Ein Leben als Sozialhilfeempfänger, zu viert eingepfercht in ein winziges Zweizimmerappartement, nur ein einziger Fernseher in der Dorfkneipe, Getränke, die man erst anmischen musste, und ekelhaft warme Milch vom Bauern, weder pasteurisiert noch homogenisiert. Zurückgelassen hatte ich meine geliebte Comicsammlung wie auch meine Lieblingsfiguren, Mighty Mouse und Road Runner. Keine Frage, dieses rückständige Deutschland war nicht mein Ding.

Außerdem gab es ein kleines Problem. Ich konnte Deutsch zwar verstehen, weil meine Eltern – wie alle Einwanderer in Kanada – zu Hause ihre Muttersprache gesprochen hatten. Aber sprechen konnte ich diese seltsame Sprache nicht. Während mein Bruder in die Grundschule kam und die Umgangssprache in den ersten Monaten dort ganz von selbst aufschnappte, musste ich als künftiger Gymnasiast Deutsch erst einmal mühsam lernen. Und glauben Sie mir, Deutsch ist eine Sprache, die Sie nicht lernen möchten. Wenn Sie als Artikel nur the kennen, machen Sie sich keine Vorstellung davon, wie schwierig es ist, der, die, das zu pauken. Mein Vater, längst bettlägrig, fand hierin eine neue Aufgabe und wurde während der Schulzeiten von einem hingebungsvollen Pater des nahen Kloster Knechtsteden unterstützt. Ich lernte zornig und mit einer gehörigen Portion Widerstand, aber ich lernte.

Ich lernte auch, dass Fußball zum absoluten Lebensmittelpunkt meiner gleichaltrigen Schulkameraden zählte. Um mich herum gab es nur FC-Fans. An jedem zweiten Samstag fuhren wir gemeinsam mit unseren Fahrrädern nach Müngersdorf, um die Heimspiele des 1. FC Köln zu erleben. Mir war sofort klar, dass ich einen anderen Fanclub brauchte, keinesfalls den, den alle verehrten. Schon in frühester Jugend verspürte ich offenbar den Drang, anders zu sein als die anderen.

So schrieb ich also Manfred Manglitz an, den Torhüter des Meidericher SV und zugleich Nationaltorhüter, und bat ihn um ein Autogramm. Ein cooler Typ. Als er nicht nur ein Autogramm zurückschickte, sondern auch die seiner Vereinskollegen und mir in einem Brief schrieb, dass er sich über mein Interesse freue und gern auf einen Kaffee bei mir vorbeikäme, war ich der King auf dem Pausenhof. Keiner außer mir besaß einen echten Brief dieses großen Fußballers. Von dem

Tag an war ich leidenschaftlicher Fan des MSV – und bin ihm bis heute treu geblieben.

Wir wohnten in unmittelbarer Nähe eines Pflegeheims, in dem meine Mutter stundenweise als Sekretärin arbeitete, um die Sozialhilfe aufzubessern. Es nahm meinen Vater einmal im Jahr für ein paar Wochen auf, damit sich meine doch recht zierliche Mutter von der schweren Pflegearbeit erholen konnte. Irgendwann erzählten die Schwestern meiner Mutter, dass sie dringend für die Sonntagsmesse in ihrer kleinen Kapelle einen Ministranten suchten. Und sie, die mich am liebsten in einer Priesterlaufbahn gesehen hätte, hatte nichts Besseres zu tun, als zu erzählen, dass ich in Kanada jahrelang Messe gedient hätte. Damals hatte ich vor der Wahl gestanden: Messdiener oder Chor – und entschied mich für die Laufbahn des Messdieners, um nicht die versammelte Kirchengemeinde in die Flucht zu schlagen. Als der Priester mich jedoch bat, auch die Lesung zu halten, erstarrte ich vor Angst. Aber ein Nein duldete der gute Mann nicht als Antwort. Fortan hielt der kleine Thomas jeden Sonntag die Lesung in einer Sprache, die er noch nicht beherrschte. Die alten Leute und Schwestern des Pflegeheims waren gerührt über meine anfänglich noch holprigen Bemühungen, ich ermutigt und stolz. Ich konnte ja nicht ahnen, dass dies nicht meine letzten Vorträge vor Publikum sein würden.

Am Dormagener Gymnasium, eher einer Tagesstätte für die Kinder der Führungskräfte des ortsansässigen Bayer-Konzerns, war ich als Sozialhilfeempfänger, quasi ohne Vater und dann noch als einziger Ausländer der Exot schlechthin. Es können unmöglich meine schulischen Leistungen gewesen sein, mit denen ich auf mich aufmerksam machte, trotz meiner Eins in Englisch. Ich verfasste stattdessen englische Songtexte für die örtlichen Rockbands. Das war etwas, was die anderen nicht konnten.

Wir schrieben das später so berühmt gewordene Jahr 1968.

In den Partykellern diskutierten wir über Che Guevara, bevor wir uns mit China-Martini und Kölsch abfüllten. Wir brachten eine Schülerzeitung heraus, und ich gehörte selbstverständlich zu den regelmäßigen Redakteuren. Wir waren sehr politisch. Und sehr aggressiv. Meine Beiträge brachten das Lehrerkollegium zum Kochen. Besondere Aufruhr verursachte ein Artikel mit der Überschrift »Sind Lehrer Menschen?«, in dem ich in aller Ernsthaftigkeit die Frage diskutierte, ob Lehrer angesichts ihres Verhaltens überhaupt zu den menschlichen Wesen zu zählen seien.

Ich führte fast jeden Aufstand in der Klasse mit an: offene Opposition, Sitzstreiks, Fernbleiben von Klassenarbeiten. So lange, bis man mich kurzerhand mit der Mittleren Reife von der Schule warf. Es war einer dieser schlichten »blauen Briefe«, die die Eltern bekamen, wenn die Schulnoten zu wünschen übrig ließen. Doch dieser enthielt nicht den Hinweis darauf, doch bitte auf die schulische Leistung des Nachwuchses zu achten, sondern gleich einen Verweis von der Schule. Meine arme Mutter fiel aus allen Wolken. Man bat uns zum Gespräch und erklärte ihr, dass man von einem Klassensprecher, wie ich schließlich einer war, eine Vorbildfunktion zu erwarten hatte. Darin stimmte ich grundsätzlich zu, nur stellte ich mir unter »Vorbild« etwas ganz anderes vor als das Lehrerkollegium. Meine Schulkarriere war damit beendet. Aber nur sie. Es war die Einstimmung auf ein Leben, in dem ich noch sehr häufig meine Meinung sagen würde.

Ausgekocht: Stehen Sie zu Ihren Ecken und Kanten, auch wenn Sie sich damit unbeliebt machen. Zeigen Sie Rückgrat, selbst wenn man Sie dafür abstraft. Was heute wie eine Niederlage aussieht, ist morgen vielleicht schon etwas, worauf Sie stolz sind.

3
Wer bin ich – und wenn ja, in welcher Abteilung?

Nach meiner unsanften Entfernung vom Gymnasium hatte ich keine Lust auf nichts. Mein Vater war schon lange nicht mehr in der Lage, sich um mein Wohlergehen zu kümmern, daher war es meine Mutter, die Ausschau nach einem geeigneten Ausbildungsplatz für mich hielt – und mir nach einigen Wochen eine Einladung zum Bewerbungsgespräch unter die Nase. Eine kaufmännische Ausbildung in einem Büro? Wie sterbenslangweilig. Ich hatte keinen blassen Schimmer, was Menschen den ganzen lieben Tag in einem Büro trieben, geschweige denn, wozu. Und wer war überhaupt Rank Xerox? Wie sich herausstellte, nahmen sie nur fünf Lehrlinge pro Jahr und legten stolz Wert auf die Feststellung, dass ein Wirtschaftsmagazin sie zu den drei besten Ausbildungsplätzen in Deutschland gewählt hatte.

Sie hatten tatsächlich Interesse an mir. Weniger an den unzähligen Fünfen in meinem Zeugnis als an meinem Lebenslauf und meinem perfekten Englisch. Ok, dachte ich mir, dann mach ich das mal. Wird so schlimm nicht werden. Und je mehr ich über dieses Büroleben und die seltsamen Abteilungen erfuhr (»Wir von der Poststelle sind die wichtigste Abteilung in der Firma, weil ohne uns die Aufträge nicht bearbeitet würden«), desto mehr faszinierte es mich. Beim Weltkonzern Xerox – amerikanischer hätte es nicht zugehen können – verstand man es, Leistung anzuerkennen. Aber auch Milde walten zu lassen, wenn einer der jungen Mitarbeiter über die Stränge schlug, die Berufsschule schwänzte oder in einem Altstadtlokal Hausverbot wegen Kiffens bekam. Mit anderen Worten: Es machte Spaß. Ich wurde erfolgreich zum Groß- und Außenhandelskaufmann ausgebildet. Spannend war die Abwechslung. Wir durchliefen alle Abteilungen des Unternehmens. Da gab es Abteilungen wie die ausschließlich aus Männern bestehende »Gerätedisposition und -kontrolle«, wo wir männlichen Auszubildenden auch in die Kunst der dänischen Pornoheftchen eingewiesen wurden. Abteilungen wie die Buchhaltung, wo wir uns gemeinsam mit den Angestellten über die studentischen Praktikanten lustig machten, die nicht einmal den Dreisatz beherrschten. Oder die Gehaltsbuchhaltung, wo wir erfuhren, dass Extrakonten für jeden Vertriebsmitarbeiter angelegt wurden. Denn manche Verkäufer besaßen die Unverfrorenheit, Belege von Bars einzureichen, die mehr als nur Getränke anboten, und glaubten, die Buchhalter in der Zentrale damit linken zu können. Doch die kannten jede Rotlichtbar der Republik, ließen die Belege durchgehen, wenn es sich um einen verdienten Verkäufer handelte, und legten sie im Extrakonto ab. Für alle Fälle. Wann immer einer dieser Porsche fahrenden Verkäufer sehr plötzlich entlassen wurde, waren es wir Auszubildenden, die das Geheimnis kannten. Spaß machte auch die EDV. Vor allem die Datenerfassung. Da saßen in einem riesigen Raum Dutzende sogenannter Datatypistinnen. Jede von ihnen hatte lange Haare, lange Fingernägel, die viel Pflege bedurften – und große Brüste. In jeder Abteilung tat sich mir eine neue Welt auf, von der ich nicht geahnt hatte, dass sie existierte. Ich begann plötzlich zu verstehen, warum Menschen sich den ganzen Tag lang in Büros einsperren ließen.

Richtig aufregend wurde es für mich in der Werbeabteilung. Mein Faible für die Werbung hatte sich bereits entwickelt und drückte sich darin aus, dass ich sogar eine Werbefachzeitschrift privat abonnierte. Aber die Branche endlich hautnah zu erleben, war etwas völlig anderes. Die Werbeabteilung von Rank Xerox umgab ein besonderer Nimbus. Das waren die Kreativen. Nebenan in der Marketingplanung brüteten Menschen über endlosen Tabellen. Hier in der Werbeabteilung spielte die Musik. Man arbeitete damals mit Young & Rubicam zusammen, und jedes Mal, wenn die Agentur ihre langhaarigen Kreativen zu uns schickte, stand die ganze Firma Kopf. Das waren die Verrückten, die die wilden Kampagnen entwickelten. Zu dieser Welt wollte ich auch gehören. Nach dem Durchlaufen von sechzehn verschiedenen Abteilungen und nach nur vier Wochen in der Werbeabteilung stand mein Entschluss fest: Ich will in die Werbung.

Kaum war meine Ausbildung beendet, bewarb ich mich also in der Werbeabteilung. Der Werbechef willigte ein und beantragte für mich eine Planstelle. Doch das europäische Headquarter in Großbritannien winkte ab. Es sollte nicht sein.

Daraufhin bewarb ich mich bei allen Werbeagenturen in Düsseldorf, Köln und Umgebung. Ich schrieb fünfzig – im Nachhinein betrachtet unvorstellbar naive – Briefe, in denen ich schilderte, dass ich Kanadier sei, erfolgreich meine Lehre bei Rank Xerox, der Marketing-Nummer-Eins in Deutschland, absolviert hätte und nun in die Werbung wolle. Es hagelte Absagen. Unter anderem von GGK in Düsseldorf, von der später noch die Rede sein wird. Doch eine Agentur namens Gramm & Grey suchte gerade einen Junior-Planer und lud mich zum Gespräch.

An das Bewerbungsgespräch erinnere ich mich, als sei es gestern gewesen. Zwei erfahrene Mediamanager schilderten mir die Aufgaben eines Mediaplaners. Ich verstand nur Bahnhof. Bei Rank Xerox gab es zwar einen Mediamann, der mich in die Geheimnisse der Mediaplanung eingeweiht hatte, aber hier bei Gramm & Grey ging es um für mich unverständliche Begriffe wie GRPs und TKPs. Aber mir war ohnehin völlig egal, worüber die Herren redeten, nur eins war mir klar: Wenn ich vortäusche, mich für den Job als Junior-Mediaplaner zu interessieren, werden sie mich nehmen. Und ich habe den begehrten Job in der Werbung. Bingo!

Ausgekocht: Die Welt ist bunt und erschreckend vielfältig. Ganz egal, wohin es Sie verschlägt: Es gibt überall etwas zu lernen. Alles ist interessant. Halten Sie Augen und Ohren offen.

4
Glauben Sie an UFOs?

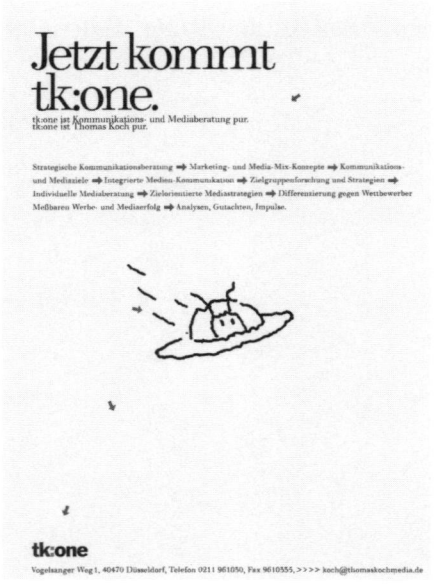

Anfangs ein Symbol für
außerirdisch gute Beratung.
Noch heute mein Logo.

Noch etwas ganz anderes begann mich zu faszinieren: »Erinnerungen an die Zukunft«. Das erste Buch von Erich von Däniken verschlang ich in einer einzigen Nacht. Außerirdische Besucher? Das war mein Ding. Dazu exotische Länder, fremde Kulturen, ihre Kulte und Legenden. (Danke, Dad, dass du mir diese Leidenschaft mit auf den Weg gegeben hast.) Gereist bin ich, allein wohlgemerkt, dank des Lufthansa-Status meines Vaters reichlich. 1967 Expo-Weltausstellung in Montreal,

1968 Sommerferien in Oregon, 1969 New York, Bewerbung bei Xerox in Rochester und anschließend eine Woche Nassau bei der Witwe des Gouverneurs der Bahamas, einer ehemaligen Kundin meines Vaters, für die er ihre jährlichen Fernreisen organisierte.

Als ich meiner Mutter eines Morgens zu Beginn der 70er Jahre beim Frühstück eröffnete, ich würde auf die Osterinsel fliegen, um mir die von Däniken beschriebenen Moai-Statuen in natura anzusehen, lachte sie anfänglich. Ich weiß nicht, ob sie stolz auf mich war, als ich ihr wenige Wochen später mein Flugticket präsentierte. Aber sie wird begriffen haben: Ich bin der Sohn meines Vaters. Der bekam selbst leider nicht mehr mit, auf welche Abenteuer ich mich einließ. Er lag zu dieser Zeit bereits im Pflegeheim und war nicht mehr ansprechbar.

Eine ganze Woche verbrachte ich auf Rapa Nui – dem »Nabel der Welt«, wie die Rapanui selbst ihre Insel nennen – und ließ mich von der geheimnisvollen Kultur des Orts gefangen nehmen. Die Rückreise, die mich noch nach Bolivien und Peru führen sollte, geriet allerdings zum Desaster. Da mir Ausreisepapiere fehlten, hielt mich das damalige Pinochet-Regime eine Woche in Santiago de Chile fest. Dort hatte ich Tag für Tag nichts anderes zu tun, als morgens ins Lufthansa-Büro zu gehen, um nach dem Verbleib meiner Ausreisepapiere zu fragen. Während der nächtlichen Ausgangssperre saß ich ängstlich im Hotelzimmer und erlebte mit, wie Militärpatrouillen durch die Straßen fuhren. Manchmal fielen Schüsse, danach war wieder Ruhe. Das also waren die Zustände in einer Diktatur. Ich wollte nur raus.

Ich begann mich für Meteoriten zu interessieren, diese Gesandten fremder Welten, die womöglich das Leben auf die Erde gebracht haben. Wie später alles im Leben, lebte ich auch diese Leidenschaft bis zum Exzess aus. Und gab erst Ruhe, als ich die zweitgrößte private Meteoritensammlung in

Deutschland besaß und eine Ausweitung der Kollektion praktisch unmöglich wurde. Natürlich interessierte ich mich weiterhin für die Frage nach außerirdischen Intelligenzen. Wenn Meteoriten als Boten aus dem All galten, waren es außerirdische Raumschiffe wohl erst recht. Zumal meine Weltraumreisen als Sechsjähriger mich auf das Thema gut vorbereitet hatten. Also wurde ich Hobbyufologe. Ich übersetzte und schrieb so fleißig Artikel für die UFO-Nachrichten, dass man mir sogar später, da war ich bereits Junior-Planer bei Grey, die Stelle des Chefredakteurs anbot. Erwogen habe ich diese Option tatsächlich einige Wochen, entschied mich dann aber, der Werbung treu zu bleiben.

Zu meiner Arbeit für die UFO-Nachrichten gehörte es, regelmäßig die Tagungen der Deutschen UFO-Studiengesellschaft in Wiesbaden zu besuchen, eine zugegebenermaßen skurrile Veranstaltung. Da war die ältere Dame mit Turban, die pausenlos vom Weltuntergang faselte. Ebenso wie die eher christlich angehauchten Auferstehungsjünger, die sich ganz sicher waren, dass die UFOs nur ein Zeichen für die Wiederkehr Jesu sein konnten. Aber auch Werner, ein Mann, der eigentlich Seefahrer war und mit dem mich über Jahre eine intensive Freundschaft verband. Er hatte bei einem Landgang ein Erlebnis gehabt, das man später als Begegnung der dritten Art einstufte – dem so präzise Träume über außerirdische Physik folgten, dass selbst das Max-Planck-Institut für Physik und Mathematik sich dafür zu interessieren begann. Morgen für Morgen notierte Werner Bruchstücke einer fremdartigen Physik, von der er selbst nicht das Geringste verstand, die in Forscherkreisen aber für helle Aufregung sorgten. Doch bevor die Ufologen in Wiesbaden eine große Sensation aus ihm machen konnten, zog er sich zurück. Zu zweit arbeiteten wir noch ein Jahr gemeinsam an der Formulierung einer neuen Weltformel, die wir leider nie fertigstellten. Werner verschwand ebenso plötzlich, wie er gekommen war.

Das Interesse an UFOs ist mir bis heute geblieben, auch wenn mir Job und junge Familie bald keine Zeit mehr ließen, mich weiter intensiv mit den Phänomenen zu beschäftigen. Gern gebe ich bis zum heutigen Tag zum Besten, dass ich in Wirklichkeit selbst Außerirdischer bin, Ashtar heiße und von meinem Heimatplaneten Median losgeschickt wurde, um das irdische Marketing und die eigenartige menschliche Werbung zu studieren und darüber zu berichten. Ich vermag die Geschichte so überzeugend zu erzählen, dass mancher meiner Zuhörer zu zweifeln beginnt – ob ich denn wirklich ein Mensch bin. Darüber freue ich mich jedes Mal, denn schließlich zählt Storytelling zu den wichtigsten Instrumenten unserer Branche.

Jetzt möchten Sie sicher gern noch wissen, ob ich wirklich an die Existenz außerirdischer Wesen und UFOs glaube? Reicht Ihnen ein einfaches »Ja!«?

Ausgekocht: Man muss auch mal die bekannten und vorgezeichneten Wege verlassen. Das bläst das Hirn frei.

5
Mad Men in Düsseldorf

In den 70ern trug man die Haare
lang. Und sein Herz auf der Zunge.

Der Aufzug hielt im vierten Stock. Ich hatte es geschafft. Jetzt
nur noch um die Ecke ins erste Zimmer rechts. Dann war ich
angekommen in der bunten, aufregenden Welt der Werbung. Für mich ging ein Traum in Erfüllung. Zugleich ahnte
ich als 20-Jähriger nicht im Geringsten, was mich erwartete,
was mir bevorstand. Wie mich diese Branche verändern würde. Was sie aus mir machen würde. Und dass ich doch immer
ich selbst bleiben würde.

30

Jeder, der die preisgekrönte US-Serie Mad Men über die Werbebranche der 60er Jahre in der New Yorker Madison Avenue kennt, muss den Eindruck gewinnen, in der Reklamebranche arbeiteten früher nur Zigaretten rauchende und Whiskey trinkende Machos. Gut, die Nichtraucher waren eindeutig in der Minderheit, als ich 1972 in der Werbebranche anfing. Gut, in der Mediaabteilung von Gramm & Grey kam morgens um zehn, wenn endlich alle eingetrudelt waren, die Truppe zum Zehn-Uhr-Schluck zusammen. Jeder hatte eine Flasche schottischen Whisky oder wahlweise auch Canadian Club in seiner Schublade und lud die Kollegen im Wechsel zum Umtrunk ein, ohne den der Arbeitstag unmöglich hätte beginnen können. Spätestens nach dem Mittagessen, zu dem reichlich Fernet Branca gereicht wurde, hatte jeder von uns einen im Tee. Nur logisch, dass fast jeden Abend bis tief in die Nacht nachgearbeitet werden musste. In einer Hinsicht unterschieden wir uns allerdings deutlich von den fiktiven Werbern der Madison Avenue: Machos, das waren wir gottweiß nicht. Im Gegenteil: »Mutter der Kompanie« war eine Kollegin, älter als wir alle, die uns männliche Jungspunde fest im Griff hatte.

Unser Chef, ein Berliner, den wir wegen seiner Qualifikation in höchstem Maße respektierten, bemühte sich nach Kräften – aber ohne großen Erfolg –, dem Alkoholkonsum in seiner Abteilung entgegenzutreten. Eines alkoholschwangeren Tages kam er nach der Mittagspause zu uns in die vierte Etage hoch und stellte uns zur Rede: »Ick glob, det riecht hier nach Alkohol ...!« Die Replik »Ditte, Herr Schmidt, muss 'ne optische Täuschung sein!«, die mir unversehens herausrutschte, brachte mir zwar eine Verwarnung ein, aber natürlich auch den unbezahlbaren Respekt der Truppe.

Ich war der Abteilungsjüngste, schon deshalb, weil ich zu den wenigen gehörte, die nicht studiert hatten. Aber ich war der Einzige, der fließend Englisch sprach – und damit als Mediaplaner unverzichtbar im täglichen Kundenkontakt und für Präsentationen bei Firmen wie Playtex oder Block Drug, denn die wurden komplett in englischer Sprache betreut. Das war gut. Die Kunden fühlten sich perfekt betreut. Und für mich war es noch besser. Meine Kollegen hatten zwar ein Studium, aber ich hatte einen kaum wettzumachenden Vorteil. Als Jungplaner war ich dennoch zunächst, glaube ich, kein großes Licht. Unvergessen die Episode, als der Chef am Vorabend einer wichtigen Präsentation meine gesamte Mediaempfehlung sprichwörtlich vor meinen Augen zerriss. Ich solle gefälligst, statt vom Vorjahr abzuschreiben, ein paar neue mediastrategische Ideen entwickeln. Damit verabschiedete er sich aus der Agentur und ließ das Greenhorn verzweifelt zurück. Meine werten Kollegen waren ebenfalls längst im Feierabend – und ich damit auf mich allein gestellt. Eine harte Schule, doch der Lerneffekt war immens. Ich entwickelte in dieser Nacht eine neuartige Streuung der Anzeigenschaltungen für unseren Kunden Knorr. Es war bereits nach drei Uhr morgens, als ich fertig wurde, doch die Präsentation geriet zum großen Erfolg. Ich war müde, aber glücklich – ich hatte es nicht nur geschafft, sondern in dieser Nacht auch noch viel gelernt. Zum Beispiel, dass man in der Werbebranche autodidaktische Fähigkeiten braucht. Weil man mit dem erlernten Handwerkszeug allein oft genug nicht weiterkommt.

Diese ersten Jahre, in denen wir erst nachmittags zu arbeiten begannen und von unserem Chef gelegentlich genötigt wurden, die Nacht zum Tag zu machen, legten vermutlich einen Grundstein für den Nachtarbeiter in mir. Es hat mir nie geschadet. Doch bleiben konnte ich bei Gramm & Grey auf Dauer nicht. Bei jeder Beförderung zum Planungsgruppenleiter wurden mir meine studierten Kollegen vorgezogen. Deshalb wechselte ich nach gut vier Jahren zu R. W. Eggert, wo ich schnell zum Mediaplanungschef aufstieg. Als kurz darauf die GGK Düsseldorf einen neuen Mediachef suchte, war es mein Ex-Chef bei Eggert – er hatte die Agentur inzwischen verlassen –, der mir den Tipp gab, dass dort eine große Chance auf mich lauern könnte. Er sollte recht behalten.

Ausgekocht: Die »goldenen Jahre« der Werbung hatten es in sich. Doch warum ihnen nachtrauern? Jede Zeit hat ihre schönen Tage – und schönen Nächte. Die heutige Phase des Medienumbruchs ist sogar noch aufregender als damals. Und bietet jedem Platz, sich auszutoben.

6

Nur tote Fische schwimmen
mit dem Strom

Robin Hood! Endlich hatte die Presse
mein wahres Wesen entdeckt.

Als ich 1978 bei GGK in Düsseldorf anfing, fand ich eine besondere Konstellation vor, die sich bald schon als meine große Chance entpuppte: Die Agentur unterhielt damals vier De-
pendancen in Hamburg, Frankfurt, Stuttgart und München.
Gern hätte man die Mediaarbeit aller GGK-Agenturen in Düsseldorf vereint gesehen, doch die vorangegangenen Media-
chefs waren sämtlich daran gescheitert. Mein Draht zu den
Geschäftsführern der einzelnen GGKs war gut, denn mit Kre-

ativen konnte ich überraschend gut umgehen. Ich wusste: Sollte mir gelingen, was meine Vorgänger nicht geschafft hatten, hätte ich nicht nur in der Agentur eine einmalige Stellung, sondern gleich am ganzen Agenturmarkt. Um die Mediaplanung und vor allem den Mediaeinkauf für alle Büros übernehmen zu können, musste nämlich eine GmbH gegründet werden. Und obwohl sich der Finanzchef mit Händen und Füßen dagegen sträubte, ernannte mich Paul Gredinger, einer der drei Inhaber der GGK, zum alleinigen Geschäftsführer. Das war mein Durchbruch.

Die berühmtesten Kreativen des Landes, die allesamt bei GGK arbeiteten, akzeptierten mich. Michael Schirner, Reinhard Springer, Konstantin Jacoby, und wie sie alle hießen. Ich entsprach nicht dem üblichen Bild des langweiligen Mediafritzen, der nur auf seine Zahlen stiert. Sie mochten mich und ließen mich früh an ihrem Kreativprozess teilhaben. So war ich in der Lage, außergewöhnliche Mediaideen einzubringen, und half den Kreativen, ihre Ideen überzeugend und sogar mit Hilfe von Mediaargumenten zu verkaufen. Wir wickelten Conti-Reifen um Litfaßsäulen und brachten für die Herrenpflegeserie Care den ersten nackten Mann in einem Werbespot der öffentlich-rechtlichen Sender unter. So machte den Kreativen die in ihren Augen dröge Mediaarbeit Spaß – und mir noch viel mehr. Diese Erfahrung war einschneidend und begann mich zwangsläufig immer mehr von meinen Kollegen in anderen Agenturen zu unterscheiden.

Die Werbefachpresse fand früh Gefallen an mir, diesem jungen Kerl, der mit 25 Jahren schon Mediachef der legendären GGK Düsseldorf war und dort knapp zwei Jahre später zum Geschäftsführer der GGK Media ernannt wurde. Die Story war gut: jüngster Mediachef des Landes und Geschäftsführer der ersten Mediaagentur. Tatsächlich war GGK Media 1980 die erste von einer Full-Service-Agentur ausgelagerte Mediaagentur in Deutschland. Mediaplus (Serviceplan-Gruppe) und Initiative Media wurden erst Jahre später gegründet. Bald schon hatte die Presse einen einschlägigen Titel für mich parat: »Thomas Koch, das Enfant Terrible der Branche«. Als ich das zum ersten Mal las, wusste ich nicht, was ich denken sollte: Wer, ich, Enfant Terrible? Oder: Endlich hat mich einer verstanden!

Eines Tages wurde ich zu Paul Gredinger gerufen. Das geschah äußerst selten. Es musste etwas vorgefallen sein. Ich irrte mich nicht: Unser Kunde Henkel hatte angerufen und sich über einen Zeitungsartikel beschwert, in dem ich über die großen Markenartikler und ihren unbeirrbaren Glauben an TV hergefallen war. Ich war ein großer Freund des Media-Mix, also der Strategie, mehrere Medien miteinander zu kombinieren, und hielt dies für wirksamer, als stets alles Geld ins Fernsehen zu stecken. Paul sagte mir gütig, ich könne in der Presse schreiben, was ich wolle, solange ich dabei eine klare Meinung vertrete. Nur das sei ihm wichtig. Dann sei es auch gut für die Agentur. Einen so weitblickenden Chef hatten die Kollegen in den anderen Agenturen offenbar nicht. Sie schrieben immer wischiwaschi, immer um den heißen Brei herum, immer ängstlich, jemandem – allen voran ihren bestehenden und potentiellen Kunden – auf die Füße zu treten.

Ich nicht. Ich nannte das Kind beim Namen, bohrte in jeder Wunde, die sich mir auftat, griff jeden an, der es meines Erachtens verdient hatte, und schrieb, was das Zeug hielt. Die Journalisten liebten mich dafür. Es erschien kaum eine Ausgabe von Werben & Verkaufen oder Horizont ohne einen Spruch, ein Zitat oder ein Statement von mir. Über zwanzig Jahre lang. Irgendwann bekam die Wirtschaftspresse Wind davon. Es kamen Wirtschaftswoche, Handelsblatt, Die Welt, Der Spiegel und Focus. Sie alle machten mich einigermaßen berühmt. Jedenfalls weit über den – ohnehin überschaubaren – Tellerrand der Mediabranche hinaus.

Die Presse spielte sich auf mich ein. Und meldete sich besonders gern, wenn es um Themen ging, über die man nur hinter vorgehaltener Hand tuschelte. Etwa um Agenturprovisionen: Später bei thomaskochmedia haben wir als erste und einzige Agentur veröffentlicht, wie hoch unser Honorar-Income war. Das glich einer Sensation. Bis dahin konnte nur vermutet werden, wie hoch die Provisionen waren, die in den Mediaagenturen hängenblieben.

Die Journalisten begannen, mit meinem Ruhm zu spielen, und dachten sich immer blumigere Namen für mich aus. Die Liste ist seitenlang. »Media-Guru vom Rhein«, »Effenberg der Werbeszene«, »Querdenker«, »Deutschlands meister Mediaplaner«, »Branchen-Revoluzzer«, bis hin zum immer wieder gern genommenen »Enfant Terrible«. Am meisten habe ich mich allerdings über ein Porträt in Horizont gefreut, das mit »Der Robin Hood im Media-Wood« überschrieben war. Später kam noch der Begriff »Kreuzritter« hinzu. Das kam dem Bild, das ich mir gern von mir selbst machte, schon näher.

Heute erscheinen nur noch gelegentlich Artikel und Statements von mir in der Fachpresse. Schließlich rücken junge Leute nach, die gehört werden wollen. Ich vergnüge mich derweil, als »Urgestein der Mediabranche« zu bloggen und meine Kollegenschaft damit auf Trab zu halten. Als hätte ich mir damals als schüchterner Junge nur eins gewünscht: irgendwann ein Urgestein zu sein.

An dieser Stelle möchte ich auf meinen Vater zurückkommen. Ich war immer traurig, dass er nicht bewusst miterleben konnte, was aus seinem Ältesten geworden ist. Ich glaube, es hätte ihn mit großem Stolz erfüllt. Er lebte zwar noch viele Jahre, war aber ans Bett gefesselt und bekam in seinen letzten Jahren nicht mehr mit, was um ihn herum geschah. Sein Tod war wie eine Inszenierung. Als mich der Anruf des Pflegeheims an meinem Schreibtisch bei GGK in der Düsseldorfer Immermannstraße erreichte, ich solle mich auf schnellstem Wege nach Krefeld begeben, waren meine Mutter und mein

Bruder längst bei ihm. Als ich endlich eintraf, verstarb er in der Minute, in der ich an sein Bett trat. Er hatte auf mich gewartet. Er hatte so lange gewartet, bis unsere kleine Familie vollständig war. Mich erfüllte diese letzte Entscheidung, die er in seinem Leben traf, mit tiefer Dankbarkeit.

Ausgekocht: Wichtig ist, authentisch zu sein, immer man selbst, immer ehrlich und offen, immer geradeaus. Das lieben die Menschen. Wahrscheinlich, weil sie es so selten erleben.

7

Anstoßen und sich anstoßen lassen

Würden Sie diesem Mann
Ihre Werbemillionen anvertrauen?
Viele taten es.

Der Schritt in die Selbständigkeit ist ein verdammt großer. Und völlig gleichgültig, ob die Idee von allein gereift ist oder der Einfluss von außen größer war, als man wahrhaben will – man geht den Schritt nie allein.

Als ich 1986 als Mediachef bei Ernst & Partner erleben musste, dass man sich nicht an gegebene Versprechen hielt, ich mich regelrecht verschaukelt fühlte, da kam bei mir erstmals der Gedanke an Selbständigkeit auf. Als noch sehr zartes Pflänzchen, wohlgemerkt. Ob ich wohl in der Lage wäre, eine eigene Agentur zum Erfolg zu führen? Keine Ahnung.

Ich war noch unsicher. Und hatte ich einen Ansatz, eine USP? Die berühmt-berüchtigte Unique Selling Proposition? Den einzigartigen Verkaufsvorteil? Das schon. Ich wollte Media völlig anders machen. Viel kreativer, nicht ausschließlich zahlenorientiert. Das hatte ich bei GGK gelernt und jahrelang erfolgreich praktiziert. Man erreicht die Menschen besser, wenn man sie überrascht, wenn man mit seiner Werbung und seinem Auftritt in den Medien nicht in das gleiche Raster fällt wie alle anderen. Und es fänden sich bestimmt Kunden, die genau das suchten: kreative Mediaarbeit. Die Marktlücke war erkennbar. Aber mir fehlte schlichtweg der Mut, den Gedanken weiterzuspinnen. Außerdem suchten plötzlich etliche Mediaagenturen in Düsseldorf einen Mediachef. Und ich freute mich ungemein, als man mich gleich zu mehreren Bewerbungsgesprächen einlud.

Da kam ein unerwarteter Anruf von Dieter Krämer, dem Ex-Anzeigen-General von Gruner + Jahr, der sich mit einer Beratungsfirma selbständig gemacht und mich bereits Jahre davor auf einen Job angesprochen hatte. Er schlug ein Treffen vor, gemeinsam mit Heiner Jensen, seinem Kompagnon. Auf beide hielt ich große Stücke, und so fanden wir uns bereits wenige Abende später auf der Terrasse eines Restaurants in Meerbusch direkt am Rhein zusammen. Ich freute mich, die beiden wiederzusehen, zumal in dieser wunderbaren Atmosphäre. Nur ihr Anliegen verdutzte mich zunächst: Sie wollten mich gemeinsam davon überzeugen, mich selbständig zu machen. Woher konnten sie wissen, dass der Gedanke bereits in mir keimte? Dass ich vielleicht nur noch einen kleinen Anstoß brauchte?

Sie meinten, die Zeit sei reif für eine neue Mediaagentur – und ich exakt der Richtige für die Aufgabe. Mir fielen augenblicklich unzählige Argumente ein, ganz genau keine Agentur zu gründen. Ich hatte kein Geld. Sie entgegneten, sie würden mir das nötige Geld leihen. Ich hatte keine Startkunden. Sie entgegneten, sie würden mir dabei mit ihren Kontakten helfen. Ich hatte gerade Gespräche mit Agenturen begonnen, die könne ich doch nicht einfach abbrechen. Egal, was ich an Hinderungsgründen vorbrachte, sie hatten eine Antwort darauf. Es war schon ein wenig beängstigend. Wir sprachen darüber, wie ich eine neue Mediaagentur positionieren müsste. Ich erzählte ihnen von meinem Plan, zahlengetriebene Mediaplanung mit originellen Ideen zu paaren, um daraus »kreative Mediaarbeit« zu entwickeln. Sie waren angetan. Genau das brauche der Markt jetzt, sagten sie. Frischen Wind, außergewöhnliche Ideen und ein neues Gesicht. – Wen, mich?

Doch eigentlich lag es auf der Hand: In ihnen würde ich die moralische und praktische Unterstützung finden, die ich für ein solches Unterfangen brauchte. Man ist schließlich nicht allein auf der Welt – und da draußen am Markt geht man nicht zimperlich miteinander um. Meine Bedenken verflogen.

Es wurde einer dieser Abende im Leben, die man nie vergisst. Neben uns wälzte sich der Rhein, mächtig, wie der Strom des Lebens. Und vor mir diese beiden Männer, die ehrliche Motive besaßen, denen ich voll vertraute und die es einfach gut mit mir meinten. Es war längst nach Mitternacht, also die richtige Zeit für weitreichende Entscheidungen. Plötzlich stand fest: Ja! Das mache ich. Ich mache mich selbständig. Ich gründe eine Mediaagentur. Und habe gleich zwei Teilhaber, die mich dabei unterstützen.

Aber wann geht's los? Wie soll sie heißen? Wie macht man so etwas überhaupt? Da muss man auf Ämter, braucht einen Steuerberater. Tausend Gedanken schossen mir durch den Kopf. Aber jetzt war erst einmal Zeit, sich zu verabschieden. Krämer und Jensen machten einen zufriedenen Eindruck. Sie hatten ihr Ziel erreicht. Für mich fing damit alles erst an. Ich hatte eine neue, aufregende Mission.

An die Heimfahrt kann ich mich nicht erinnern. Seltsam,

denn das Gespräch des Abends könnte ich in allen Details wiedergeben, als wäre es gestern passiert. Ich war benebelt. Ich war so etwas wie siegestrunken, obwohl der Sieg in weiter Ferne lag. Aber ich war mir meiner Sache sicher. Ich war glücklich. Zumindest, bis ich zu Hause zur Tür hereinkam. Überschwänglich erzählte ich meiner Frau von dem denkwürdigen Treffen und meiner großen Entscheidung. Vielleicht hätte ich bis zum Morgen warten sollen. Aber ich musste es einfach loswerden. Natürlich erwartete ich, dass sie die Idee begeistert aufnehmen würde. Das Gegenteil war der Fall: Sie war entsetzt. Die Unsicherheit der Selbständigkeit, deutlich weniger Geld. Und sie schwanger. Wie konnte ich nur so egoistisch sein?

Ich blieb meiner neuen Vision dennoch treu und gründete am 22. Juli 1987 die thomaskochmedia GmbH, die wenige Jahre später Furore machen sollte. Und meine damalige Frau hat sich auch wieder beruhigt. Ihr Schaden sollte es nämlich nicht werden.

Ausgekocht: Wenn Sie etwas können, das keiner so gut kann wie Sie, dann tun Sie es. Es ist Ihr Schritt in die Freiheit. Lassen Sie sich ruhig von außen anstoßen, wenn Sie das brauchen. Und haben Sie den Mut, sich über die Bedenken Ihres Partners hinwegzusetzen.

8

Manchmal geht es einfach um Schnurrbärte

Man fällt im Pulk erst auf, wenn man sich unterscheidet. Das liegt an der Ökonomie unserer Aufmerksamkeit. Jedes Mal, wenn wir etwas wahrnehmen, gleicht unser Gehirn ab: Kenne ich das? Wenn ja: sofortiges Abschalten. Unbekannt? Dann prüfen, ob relevant. So konzentrieren wir unsere Energie auf Dinge, die es wert sind, beobachtet zu werden. Die Werbeprofis wissen um das Phänomen und überraschen uns in jedem Jahr mit einer neuen Kampagne.

Aber was bedeutet das für eine Agentur und ihren Inhaber? Ganz einfach: dasselbe. Man muss sich unterscheiden. Im Bereich von Unternehmen ist der Ansatz als »Blue-Ocean-Strategie« bekannt: Tummle dich nicht im gleichen Gewässer wie alle anderen, wo sich alle blutig kratzen und zerfetzen (»Red Ocean«), sondern begib dich hinaus in den blauen Ozean, wo du der Einzige bist, ohne jegliche Konkurrenz.

Das war mit der thomaskochmedia, auch tkm genannt, schnell gelungen. Mediaplanung machten alle, für unsere »kreative Mediaplanung« hingegen waren wir berüchtigt. Für unsere ungewöhnlichen, aber erfolgreichen Lösungen. Wir dachten out of the box, jenseits der üblichen Konventionen. Das merkten wir auch daran, dass die Ansprüche unserer Kunden stiegen. »Das war aber jetzt nicht tkm!«, bekamen wir zu hören, wenn wir doch einmal nur Durchschnitt ablieferten. Das war ihnen noch lange nicht kreativ genug. Gut, wenn die Messlatte immer höher gelegt wird. Aber damit war es nicht getan. Die Leute brauchen ein Bild, das sie mit einer Firma verbinden. Idealerweise denken sie dabei an einen Menschen, alles andere ist zu esoterisch. Das ist im Zweifel der Geschäftsführer – denken wir an die Deutsche Bank, denken wir immer noch an Josef Ackermann –, aber inhabergeführte Unternehmen haben es da leichter. Wir alle kennen Herrn Hipp, Herrn Darboven, Herrn Trigema und Herrn LiquiMoli. Wie aber kann sich der Chef von anderen Chefs unterscheiden? Mit einem Schnurrbart? Nein, werden Sie jetzt sagen. Es geht doch um Inhalte, um die in Stein gemeißelten USP, um den objektiven Wettbewerbsvorteil. Womit Sie recht haben. Aber es geht auch um Schnurrbärte. Erstaunlicherweise machen so kleine Äußerlichkeiten einen Unterschied. Und sei es nur, weil man besser wiedererkannt wird. Aha! Es geht also um die Kriterien Abgrenzung und Wiedererkennung? Natürlich. Wie bei jeder anderen Marke auch. (An dieser Stelle darf ich Ihnen verraten, dass ich vor dem Schnurrbart stets der Einzige war, der bei Präsentationen und anderen feierlichen Anlässen eine Fliege trug.) Marken brauchen Charakter. Menschen, die zur Marke werden wollen, ebenso. Man muss sich verhalten wie eine Marke, wenn man eine Marke aufbauen will.

Was kann sonst noch dazu beitragen, als unverwechselbare Marke wahrgenommen zu werden? Ich habe Spaß daran gefunden, meine Visitenkarten zu unterschreiben, sie gewissermaßen zu signieren. Seit Jahren sammle ich leidenschaftlich Autogramme, weil sie für etwas sehr Besonderes stehen. Die Unterschrift ist im geschäftlichen Umgang mitunter das Persönlichste, das ein Mensch einem anderen geben kann. Schließlich unterschreiben wir damit alles, vom Miet- bis zum Ehevertrag. Und ist es nicht ein erhebendes Gefühl, ein Autogramm von Marilyn Monroe, Neil Armstrong oder gar Albert Einstein zu besitzen? Auf einem Foto oder Blatt Papier, das diese Menschen selbst in der Hand hielten? Unsere Handschrift, unsere Unterschrift ist etwas sehr Besonderes. Wenn ich meine signierte Visitenkarte übergebe, auf der niemals mein Name zusammen mit irgendeinem blödsinnigen Titel gedruckt war, fragt fast jeder, der sie in die Hand nimmt, ob denn die Unterschrift echt sei. Ziel erreicht. Aufmerksamkeit geweckt. Wiedererkennbarkeit gewährleistet. Selbstredend ist jede Unterschrift auf jeder Visitenkarte echt. Mit einem Mal wird diese eine Karte – davon hat ja jeder von uns Hunderte – zu etwas Besonderem. Und genau so ist das Überreichen der Karte auch gemeint: Ich habe Respekt vor Ihnen. Ich möchte Ihre Aufmerksamkeit wecken. Ich möchte Ihnen etwas Persönliches von mir geben.

Der Witz ist: Obwohl ich das seit fast drei Jahrzehnten praktiziere, einige Tausend signierte Visitenkarten überreicht und damit jedes Mal einen besonderen Eindruck hinterlassen habe, hat es niemand kopiert. Eine Kopie ist immer nur eine Kopie. Genauso wenig, wie ich jemals etwas, das mir an jemand anderem aufgefallen ist, kopiert hätte. Man muss seinen eigenen Weg gehen, seine individuellen Merkmale erfinden.

Heutzutage sind ja zum Beispiel Glatzen unter Medialeuten sehr beliebt. Aber wenn es fast nur noch Media-Geschäftsführer mit Glatze gibt, trägt das natürlich zur Wiedererkennung des Einzelnen nichts bei. Es ist nur eine Modeerscheinung, nichts Eigenständiges – nichts, das unterscheidet. Klingt banal. Ist auch banal. Nur die wenigsten haben anscheinend den Mut, sich zu unterscheiden. Das Außergewöhnliche wirkt ohnehin nur, wenn es auch authentisch ist. Wenn dahinter Charakter steht. Wenn dahinter Überzeugungskraft, Gesinnung und einzigartige Inhalte stehen. Heiße Luft hilft da nicht weiter. Aber in Kombination ist die Wirkung kaum zu verfehlen – und schwer zu überbieten.

Ausgekocht: Wenn sich neunundneunzig nicht trauen, den entscheidenden Unterscheid zu machen, schafft das Raum für den einen, der es wagt. Seien Sie einzigartig.

9
Sich einen Namen machen

Ganz tief in die
Materie einsteigen.
Das Geheimnis eines
jeden Experten.

Wie viele Namen nennen Sie so Ihr Eigen?

Viele von Ihnen kennen mich als Thomas Koch. So heiße
ich auch wirklich. Aber offiziell erst seit einigen Jahren. Oder
haben Sie etwa nur einen Namen?

Meine Eltern waren Agnes und Rudolf Höffken. Sie gaben
mir den Namen Thomas, nach Thomas von Aquin, dem gro-

ßen Philosophen des Mittelalters. Nachdem wir fünf Jahre in Kanada gelebt hatten, wurden wir eingebürgert und ich damit kanadischer Staatsbürger. Der ich bis zum heutigen Tag geblieben bin. Eingebürgert wurden wir allerdings mit dem Namen Hoffken, denn die Pünktchen auf dem Ö ließen die kanadischen Behörden kurzerhand unter den Tisch fallen.

Diese klitzekleine Namensänderung war kein Problem. Bis ich im Alter von 23 Jahren, längst nach Deutschland zurückgekehrt, eine wundervolle Agenturkollegin namens Koch heiraten wollte. Das Standesamt kramte meinen Geburtsnamen heraus, mit dem ich mich allerdings nicht ausweisen konnte. In meinem Pass stand ja nicht Höffken, sondern längst Hoffken. Das ging nicht. Also behielt sie ihren Namen Koch und ich meinen, Hoffken.

Dann änderte sich einige Jahre später das Gesetz, so dass es nun auch Männern gestattet war, den Namen ihrer Frau anzunehmen. Großartig! Damit konnten wir endlich – so konservativ war man damals – den gleichen Nachnamen tragen. Ich nahm also den Namen Koch an. Da ich einer der ersten vier Männer in Deutschland war, die diesen Schritt wagten, wurde ich sogar ganzseitig in der Frauenzeitschrift Petra als mutiger, moderner Mann gefeiert. Nur mit Mut hatte es nicht viel zu tun. Für mich war es der reinste Pragmatismus.

So weit, so gut. Bis ich erneut heiraten wollte. Die Auserwählte hieß Schmidt. Das Standesamt kramte wieder meine Geburtsurkunde heraus und wollte uns abermals den Namen Höffken verleihen. Den Namen Koch durfte ich, da selbst angenommen, nicht weitergeben. Auch uns auf Schmidt zu einigen, war keine Option, da ich unter dem Namen Koch in der Werbebranche bereits einige Berühmtheit erlangt hatte. Ein erneuter Namenswechsel kam nicht in Frage.

Also blieb nur eine Lösung, wenn wir zumindest ähnlich klingende Namen haben wollten: Frau Schmidt blieb Frau

Schmidt, und ich wurde zu Thomas Koch-Schmidt. Das erfuhr allerdings nur die Rentenversicherung, denn ich führte, wenn auch unrechtmäßig, den Namen Koch einfach weiter. Zumal auch die kanadischen Behörden, die damals der Änderung in Koch ohne bürokratischen Aufwand zugestimmt hatten, diesmal (»Are you kidding?«) nicht zu einer weiteren Änderung bereit waren.

Ich hatte ohnehin keine Wahl, zur selben Zeit gründete ich die thomaskochmedia. Wie hätte denn thomas-koch-schmidtmedia geklungen? Inzwischen war aus dem Namen Koch in der Mediabranche ein bisschen ein Markenname geworden, der für etwas stand. Nein, das ging gar nicht. Also blieb ich stur Thomas Koch.

Dann kam der denkwürdige Tag, an dem ich erfuhr, dass sich das Namensrecht wieder einmal geändert hatte. Nun durfte jeder jeden Namen annehmen, den er jemals geführt hatte. Also machte ich mich auf den Weg zum Standesamt und trug dort mein Anliegen vor: Ich wollte auch offiziell wieder Thomas Koch heißen. Der Beamte setzte eine ernste Miene auf und erklärte mir, dass diese Gesetzesänderung für Frauen gedacht sei, die sich von ihrem Doppelnamen trennen oder wieder ihren Mädchennamen annehmen wollten. Aber nicht für mich, nur weil ich mir in den Kopf gesetzt hätte, einfach anders zu heißen.

Ich flehte den guten Mann an. Dies sei doch die ideale Lösung für mein seit Jahrzehnten andauerndes Namens-Hinund-Her. Wenn dieses Gesetz nicht für mich gemacht sei, für wen dann? Er versprach, die Angelegenheit zu prüfen.

Es vergingen Wochen, in denen ich immer weniger daran glaubte, jemals wieder einen Namen zu tragen, der sowohl von deutschen als auch von kanadischen Behörden einstimmig akzeptiert würde. Dann lag er im Briefkasten: der Brief vom Standesamt. Die Anrede ließ mich jubilieren:»Lieber Herr Koch, Sie heißen jetzt wirklich so!«

Endlich. Zum ersten Mal in meinem erwachsenen Leben wusste ich, wie ich wirklich heiße. Und thomaskochmedia bekam einen Chef, der tatsächlich Thomas Koch hieß – auch wenn mich meine Mitarbeiter ohnehin längst liebevoll »TK« nannten.

Ausgekocht: Es ist egal, wie Sie heißen. Wichtig ist, sich einen Namen zu machen. Einen Marken-Namen. Hinter dem eine Persönlichkeit steht. Bei diesem Namen sollten Sie dann allerdings bleiben.

10

Respekt muss man sich verdienen

Es war 1989. In Deutschland gab es eine Handvoll unabhängiger Mediaagenturen und einen Gesamtverband Werbeagenturen (GWA), also einen Verband, der die Interessen der Werbeagenturen vertrat, aber keine Interessenvertretung, die sich um die Mediaaspekte kümmerte. Ich dachte, es sei eine gute Idee, einen Berufsverband der Mediaagenturen ins Leben zu rufen – viele Jahre vor Gründung der Organisation Mediaagenturen im GWA –, und beschloss, den Inhaber einer Wettbewerbs-Agentur, den ich persönlich noch nie kennengelernt hatte, dazu anzurufen. Er galt damals als großer Vordenker und Meinungsführer. Ich hatte immensen Respekt vor ihm.

Erfreut, wie bereitwillig er einem Termin zugestimmt hatte, aber auch ein wenig ängstlich, machte mich auf in die Höhle des Löwen. Das Büro, in das man mich geleitete, war überschaubar groß. Irgendwie hatte ich wohl eine etwas imposantere Residenz erwartet. Erstaunlich waren die Berge Papier und Unterlagen auf seinem Schreibtisch. Wie man so wohl Ordnung und Übersicht behält? Aber es beruhigte mich zu erkennen, dass der Mann offenbar noch tief in der Kundenarbeit steckte.

Es gab Kaffee. Und eine Überraschung. Denn er ließ mich mit meinem Vorhaben erst gar nicht zu Wort kommen. Ohne Vorwarnung eröffnete er mir: »Ich will Ihre Agentur kaufen!« Völlig perplex antwortete ich ihm, dass ich meine Agentur doch gerade erst gegründet hätte, sie sich noch im Aufbau befände, daher eigentlich noch wertlos sei – und ich sie wohl kaum gegründet hätte, um nach so kurzer Zeit wieder zu verkaufen.

Das ließ ihn völlig unbeeindruckt. Er wolle um jeden Preis ein Büro in Düsseldorf, ließ er mich wissen, und nachdem ein Versuch mit einer konkurrierenden Agentur fehlgeschlagen sei, habe er beschlossen, aus meiner thomaskochmedia seine Düsseldorfer Dependance zu machen. Ich erwiderte noch einmal kleinlaut, dass ich in keiner Weise vorhätte, meine Agentur schon nach eineinhalb Jahren wieder zu verkaufen. Mein Gegenüber, damals der Grandseigneur des Mediageschäfts und für mich ein souveräner Geschäftsmann, zu dem die Branche aufschaute, antwortete trocken: »Wenn Sie nicht verkaufen, mache ich Sie fertig.« Mir blieb der Kaffee im Hals stecken. Ich muss ein ziemlich entsetztes Gesicht gemacht haben und brachte nur ein leises »Was meinen Sie damit?« heraus. Seine Antwort war ruhig und bestimmt: »Wenn Sie mir Ihre Agentur nicht verkaufen, sorge ich dafür, dass Sie keinen Boden mehr unter die Füße bekommen.«

Ich murmelte etwas von Missverständnis, dass für mich damit das Gespräch beendet sei, und verließ sein Büro. Auf der Rückfahrt nach Düsseldorf gingen mir seine Worte nicht mehr aus dem Kopf. Ich bekam leichte Panik. Das war doch absurd. Warum sollte jemand in seiner Position einen dermaßen kleinen Wettbewerber wie mich zermalmen wollen? Nur weil ich nicht bereit war, mein kleines Start-up gleich wieder zu verkaufen. Weil ich der Branche – und mir selbst – noch etwas beweisen wollte.

Noch am selben Tag rief ich Dieter Krämer an, meinen Mitgesellschafter und Mentor. Er bat mich, gleich am nächsten Tag nach Hamburg zu kommen. Ihm war wohl klar, dass ich die Nacht schlecht schlafen würde, und er versprach, dass wir in aller Ruhe darüber reden konnten.

Wir fuhren hinaus in die Lüneburger Heide. Krämer, der altehrwürdige Ex-Anzeigen-General von Gruner + Jahr, erledigte alles Wichtige auf ausgedehnten Spaziergängen. Es war ein warmer, sonniger Tag, an dem man eigentlich nichts Besseres machen konnte. Trotzdem: Nach Spazierengehen war mir eigentlich nicht zumute.

Eine halbe Stunde später hatte ich meinem Mentor die Geschichte in allen Einzelheiten erzählt. Und schloss mit den Worten: »Der Mann macht mir Angst!« Krämer, der seine Gelassenheit in Jahrzehnten harter Führungsarbeit erworben hatte, blieb zu meinem Erstaunen absolut ruhig. »Keine Sorge, er tut dir nichts ...« Ich bat ihn, mir zu verraten, woher er diese Gewissheit nahm. Er blieb stur: »Der macht gar nichts.« Für den Augenblick ein wenig beruhigt fuhr ich zurück nach Düsseldorf.

Und? Krämer sollte recht behalten. Der rabiate Wettbewerber unternahm nichts. Die Sache hatte für mich dennoch einige Bedeutung, denn ich verlor völlig den Respekt vor diesem Mann und seiner Agentur, begann grundsätzlich, große Namen und hohe Tiere zu hinterfragen. Seit damals verstehe ich besser, was es bedeutet, Charakter zu beweisen. Und dass man Feindbilder ruhig kultivieren darf.

Ich ging meinen Weg unbeirrt weiter. Und begegnete dem Mann nach diesem Erlebnis natürlich noch unzählige Male. Und jedes Mal, wenn er mich gütig anlächelte, lief mir ein kalter Schauer über den Rücken.

Ausgekocht: Es ist richtig, jedem Menschen mit Respekt zu begegnen. Man muss Respekt haben vor Menschen mit Charakter, die etwas leisten und für Werte einstehen. Ein Titel auf der Visitenkarte allein reicht nicht. Respekt muss man sich verdienen.

11

Der späte Vogel fängt den Wurm

In unserer Geschäftswelt ist Pünktlichkeit ein Zeichen des Respekts: Auch du, lieber Gesprächspartner, hast einen harten Tag, der nur aus Terminen besteht, also halte ich die Zeit ein, damit du nicht in Bedrängnis kommst.

Wir sind hier weder in Mexiko noch in Arabien. Agenturleute lassen ihr Gegenüber, den Kunden, niemals warten, obwohl wir – als Dienstleister – oft genug selbst warten müssen. Warten wird als unhöflich empfunden, als respektlos, als eine Verschwendung von Ressourcen. Auch wenn man in einer Wartezeit von 15 oder 20 Minuten die Welt vielleicht nicht aus den Angeln gehoben hätte. Das tut nichts zur Sache.

Mit dieser Regel tut man sich zwangsläufig schwer, wenn man ein Nachtmensch ist. Zumindest, wenn man frühmorgens irgendwo sein soll, wo man eigentlich um diese Uhrzeit nicht wirklich sein will. Weil man am liebsten noch bis drei Uhr nachts an Ideen und Konzepten sitzt. Weil es um diese Uhrzeit einfach nur so flutscht, fließt und Boom macht. Es gab keine wichtige Präsentation, keinen Entwurf, kein Konzept, kein Budget, keine Rede, keine Idee, die bei mir nicht nachts entstanden wäre. Tagsüber konnte ich das einfach nicht. Was natürlich den Vorteil mitbrachte, dass ich tagsüber Zeit hatte für jeden, der meine Aufmerksamkeit brauchte.

Dennoch werden wir Nachtmenschen gegeißelt. Obwohl wir nachts alle Probleme der Menschheit lösen könnten

– oder zumindest die abenteuerlichsten Aufgabenstellungen der bizarrsten Marken –, müssen wir immer wieder mal den ersten Flieger nehmen. Das ist unfair. Es wird dem intellektuellen Beitrag der Nachtmenschen zur Lösung der Weltprobleme einfach nicht gerecht.

Und dann stehen wir da. Morgens um sechs am Flughafen und haben schon auf der Fahrt dorthin gestaunt, dass so viele Menschen derart früh unterwegs sind. Haben die alle nachts nichts zu tun? Oder brauchen die einfach keinen Schlaf? Unsereins hat mit Glück drei, vier Stunden das Bett gesehen – und gleich werden Höchstleistungen von uns erwartet. Gäbe es nicht die Droge Adrenalin, wäre es eine schier unüberwindliche Aufgabe. So klappt es aber doch irgendwie immer wieder. Vielleicht, nein hoffentlich, hat der Kunde nicht gesehen, wie verschlafen wir aussehen ...

Auch mit dem prospektiven Kunden Dunlop war bis zu jenem verhängnisvollen Morgen alles hervorragend gelaufen. Peter Blähser, ein befreundeter Marktforscher, hatte den Kontakt hergestellt. Wir hatten einige Gespräche mit dem Werbechef geführt und eine Aufgabe zu seiner Zufriedenheit gelöst. Nun kam die nächste Herausforderung: eine Präsentation vor seinem Vorstand, die das Gremium überzeugen sollte, uns den Mediaetat zu geben. Kein Problem.

Nun ja, bis auf einen klitzekleinen Haken: Der Vorstand kam nur einmal im Monat zusammen, in Hanau, und dort sollte nun mein Pitch an einem Montagmorgen um 9 Uhr stattfinden. Es war Januar, und draußen herrschten extrem winterliche Verhältnisse, also beschloss ich, in der Nähe zu übernachten, um mir die Anreise zu ersparen. Dummerweise war in Frankfurt gerade wieder irgendeine Messe, so dass ich gezwungen war, mir ein Hotel in Bad Homburg zu nehmen. Immer noch besser als frühmorgens von Düsseldorf anzureisen, dachte ich mir.

Alles ging schief. Meinen Wecker habe ich überhört, der

Weckruf des Hotels – es war eher eine Pension – versagte. Ich fuhr hoch, schaute auf die Uhr, Punkt 8 Uhr, erschrak, stürzte unter die Dusche und machte mich ohne Frühstück auf den Weg. Es war machbar. Glaubte ich, bis ich mich der Autobahnauffahrt näherte. Dichtes Schneetreiben. Stau von Bad Homburg bis Frankfurt. Und ich musste ja noch um Frankfurt herum bis nach Hanau. Als ich endlich aufkreuzte, kamen mir die Vorstände aus ihrer gerade beendeten Sitzung entgegen. Der Werbechef war stinksauer. Noch schlimmer: Er war enttäuscht. Ich hatte ihn bloßgestellt. Eine Katastrophe ungeahnten Ausmaßes.

War die Sache damit gelaufen? Letzten Endes sah mir der Werbechef mein Ungeschick nach. Schließlich wollte er, dass wir seine Agentur werden. Ich durfte einen Monat später erneut präsentieren. Und diesmal war ich pünktlich zur Stelle. Ich überstand Vorstandsfragen wie »Wenn wir jetzt stärker auf Funk setzen, wie viele Reifen mehr verkaufen wir dann?«, und wir gewannen den Etat. Die Geschichte ist deshalb besonders bemerkenswert, weil die tkm Dunlop von da an 14 Jahre lang betreute. Es entstand eine außergewöhnlich vertrauensvolle Partnerschaft zwischen Kunde und Mediaagentur.

Ausgekocht: Jeder Mensch hat seinen eigenen Rhythmus. Wer sein Leben und seine Arbeit diesem Rhythmus anpasst, läuft zur Höchstform auf. Und wenn man doch einmal neben die Spur gerät, so ist das selten ein Beinbruch. Schließlich haben wir alle unsere Schwächen.

12

Ideen können gar nicht
verrückt genug sein

»Ich trinke Jägermeister, weil Gelegenheit macht Liebe.«

Jägermeister. Einer für alle.

Jägermeister schaltete
jedes Motiv nur ein Mal.
Ich war als 2098 dran.

Ende der 80er graste ich die großen Werbekunden in
Deutschland ab. Mit einer neuen Idee. Ich hatte mich schon
immer darüber gewundert, dass die Erhebung der Medien-
reichweiten hierzulande den Medien selbst überlassen wurde. In vielen anderen Ländern erledigten das unabhängige
Institute im Auftrag von Werbekunden und Agenturen. War-

57

um also nicht auch in Deutschland? Wäre es nicht spannend, den bestehenden Leseranalysen eine völlig unabhängige gegenüberzustellen? Die Sache würde zwar einen siebenstelligen Betrag kosten, aber wenn ich genügend Mitfinanzierer fände?

Voller Euphorie jagte ich mit meinem Konzept von einem Großkunden zum nächsten. Und holte mir eine Absage nach der anderen. Alle zeigten sich zufrieden mit dem, was die Verlage – scheinbar kostenlos – den Kunden und Agenturen lieferten. Obwohl die Reichweiten der Werbeträger je nach Studie differierten und man offen von »Verlagsschleifen« sprach – einem selbstreferentiellen System, in dem die Verlage den Reichweiten der eigenen Titel ein ordentliches Plus verpassten. Das schien niemanden zu stören. Ich war mal wieder über die eigene Profession erschüttert.

Wie so oft beriet ich mich mit Peter Blähser, dem vormaligen Marktforschungschef von Ted Bates, der sich soeben selbständig gemacht hatte. Wir entwickelten eine Idee: Wenn ich schon partout eine eigene Reichweitenerhebung haben wollte, müsste ich sie anders verpacken. Beispielsweise in eine Trackingstudie, die auch die Wirkung von Kampagnen beobachtete und Kennziffern wie Bekanntheit und Werbeerinnerung erhob. Dann könnte man sogar gezielt die Werbeerinnerung für die Leser einzelner Zeitschriften darstellen. Das hatte es noch nie gegeben. Das war genial. Und so ganz nebenbei würde ich meine Reichweiten quasi kostenlos mitgeliefert bekommen.

Doch immer noch stand ein siebenstelliger Betrag im Raum, der nötig war, um eine solche Erhebung regelmäßig durchzuführen. Es musste ein Geldgeber her. Peter Blähser, der Marktforschungsprofi, der in zahlreichen Gremien saß und sich als begnadeter Partner erwies, entwickelte dazu ein Konzept. Damit fuhr ich nach Hamburg zu Nielsen, dem weltweit größten Marktforschungsunternehmen. Sie erhoben die Werbeaufwendungen in Deutschland, die ich ohnehin brauchte. Sie sollten mein Partner werden, die Studie mitfinanzieren und mir kostenlos ihre Daten dazu liefern. Eine völlig verrückte, absolut abwegige Idee. Aber das Wort »verrückt« kommt schließlich von »verrücken«. – Ja, ich wollte etwas bewegen.

Zu meiner größten Überraschung war der Geschäftsführer von Nielsen sehr interessiert. Nein, er war begeistert. Eine solche Studie würde seine Daten regelrecht aufwerten, denn ein Trackingangebot hatte Nielsen – im Gegensatz zum Wettbewerber GfK – nicht im Portfolio. Er schlug ein. Wir gaben unserer Untersuchung den sinnigen Namen NIKO-Index, in Anlehnung an den japanischen Nikkei-Index. Das würde Vertrauen aufbauen. Das »NI« stand für Nielsen, das »KO« für Koch. Sowohl Nielsen als auch meine tkm gaben einen sechsstelligen Betrag in den Topf, der die erste Erhebung finanzierte. Damit wollten wir dann zu unseren Kunden marschieren.

Ich hatte schnell genügend eigene Kunden zusammen, um nach dem ersten Trockenlauf eine großangelegte Erhebung durchzuführen. Nielsen selbst war nicht so erfolgreich. Im Gegenteil: In der Zwischenzeit war der Geschäftsführer ausgewechselt worden – und sein Nachfolger wollte von Investitionen nichts wissen. Mir war klar, dass die irgendwann anklopfen und ihr Geld wiederhaben wollten. Ich startete dennoch.

Schon nach wenigen Jahren machte die inzwischen gegründete NIKO Media Research GmbH ordentliche Umsätze, und ich fand in Dr. Harald Jossé einen zuverlässigen Partner, der die Firma führte. Das allerdings konnte nicht darüber hinwegtäuschen, dass der Anfang steinig war – und teuer. Es war Geld, das ich privat nicht hatte und aus der tkm-Firmenkasse entlieh. Soll heißen: Wenn ich mit dem NIKO Schiffbruch erlitten hätte, wäre mir dabei mit einiger Sicherheit gleich die tkm mit abgeschmiert. Im Nachhinein war die ganze Aktion mehr als gewagt. Damals aber dachte ich nur: Augen zu und durch.

Der NIKO wurde als viertgrößte Trackingstudie Deutschlands ein Riesenerfolg. Die Umsätze stiegen auf mehrere Millionen jährlich. Ich hatte endlich meine eigene Mediaerhebung und stiftete mit den selbsterhobenen Reichweiten allerlei Unfrieden. Sehr zum Leidwesen der Zeitschriften, deren Reichweiten ich für überzogen hielt – und die im NIKO infolge einer »härteren« Abfrage deutlich schlechter wegkamen. Allen voran Imagetitel von Gruner + Jahr, wie Stern und Schöner Wohnen. Gruner + Jahr wehrte sich mit allen legalen Mitteln gegen unsere NIKO-Reichweiten, jedoch ohne Erfolg. Denn unsere präzisere Abfrage der Leserschaften bildete die Realität einfach besser ab.

Bleibt zu erwähnen, dass sich die Firma Nielsen, immerhin NIKO-Mit-Namensgeber und Startfinanzierer, nie bei mir meldete – auch nicht, um das vorfinanzierte Geld zurückzufordern. Der damalige Letter of Intent muss wohl bei denen in Hamburg verschüttgegangen sein. So gaben sie zwar ihren Namen her, versäumten es aber, am Erfolg zu profitieren. Dumm gelaufen.

Ausgekocht: Wenn man etwas um jeden Preis will, muss man bereit sein, kreative Umwege dafür zu gehen. Hauptsache, man bleibt ungeduldig. Bis man sein Ziel erreicht hat.

13
Über Vertrauen, oder: die D2-Story

Die Geschichte begann eigentlich ganz harmlos. Zu Beginn des Jahres 1989 bekam ich einen Anruf von MWG, der Mannesmann Werbegesellschaft. Ein Friedrich Preker war am Apparat. Er stellte sich vor als der leitende Kundenberater und bat mich um ein Gespräch. Warum nicht? Mannesmann war ein Riesenkonzern, machte zwar überwiegend Röhren und dafür ein wenig Fachwerbung, aber ich war neugierig, zumal diese MWG ihre Mediaarbeit bis dato selbst machte.

Er erzählte mir, Mannesmann bewerbe sich um die private Mobilfunklizenz, die die Post ausschrieb. Ich hatte davon in der Zeitung gelesen, verstand aber kein Wort. Mobilfunk? Geschäftlich vielleicht. Aber warum sollte jemand privat mobil telefonieren wollen? Mannesmann jedenfalls war von der Sache überzeugt, und Herr Preker brauchte einen Media-Sparringpartner, der mit ihm die Mediastrategie für die Ausschreibung konzipierte. Mit seiner Vision, wie Millionen von Deutschen bald strippenfrei mit mobilen Geräten telefonieren würden, begeisterte er bald auch mich. Woran ich zuvor nicht glauben mochte, fühlte sich plötzlich wie etwas ganz Großes an.

Wie Sie wissen, gewann Mannesmann die Ausschreibung. Was Sie nicht kennen, ist die Begründung. Mitentscheidend, so wurde mir gesagt, war die feste Überzeugung, für das neue Produkt nicht nur eine kleine Fachgemeinde begeistern zu können, sondern bald schon die gesamte Öffentlichkeit. Da wir die Zielgruppe also vergrößerten, stieg der zu investierende Mediaetat schnell in sieben- und achtstellige Höhe. Das überzeugte die Post, denn unsere Wettbewerber um die begehrte Lizenz hatten offenbar reine Business-to-Business-Mediaetats von nur einigen Hunderttausend DM vorgelegt. Das erschien den Post-Managern unrealistisch.

Als die tkm auf diese Weise zunächst den Planungsauftrag für »Mannesmann Mobilfunk D2 privat«, später auch den Einkaufsauftrag erhielt, ahnte ich nicht, dass daraus einer der größten Werbekunden Deutschlands werden sollte, um den uns jede Mediaagentur beneidete. D2 wurde für uns ein Traumkunde, mit dem die Agentur wuchs. Herr Preker wechselte auf die Kundenseite, wurde Marketingchef und war fortan unser Gesprächspartner. Die tkm hatte ihm und seinem Vertrauen in mich und meine Mannschaft viel zu verdanken. Er hat diese Situation nie ausgenutzt. Im Gegenteil. Er hat immer zu uns gehalten. Denn auch in der Ehe zwischen Kunde und Agentur heißt es manchmal: »in guten wie in schlechten Tagen«.

Unvergessen bleibt mir eine Sitzung des Werbebeirats. Der Beirat tagte monatlich, unter Leitung des legendären Vorsitzenden Jürgen von Kuczkowski, mit seinem gesamten Vorstand, den Marketing- und Vertriebschefs – und den Agenturen: Kreation, Media und PR. Wir haben bei D2 viele Kreativagenturen kommen und gehen sehen. Diesmal war wieder einmal eine neue Agentur an der Reihe. Dort war man der Meinung, D2 müsse – entgegen der bisherigen Mediastrategie – deutlich mehr in TV investieren. Kaum war das ausgesprochen, bat Preker um eine Unterbrechung der Sitzung und zog den Geschäftsführer der Agentur und mich aus dem Sitzungsraum. Er erhob seine Stimme und stellte klar, wenn die Agentur auch nur ein einziges Mal in die Mediaplanungshoheit der tkm eingriffe, sei sie den Kreativauftrag sofort los. Dieser Mann hier, er zeigte auf mich, sei allein autorisiert, den Media-Mix zu diskutieren.

Das ging runter wie Öl. Die Ignoranten von der Kreativschmiede hatten ein kleines, aber wichtiges Detail übersehen: D2 investierte im Vergleich zur übermächtigen Telekom und allen Wettbewerbern, die im Laufe der Zeit hinzukamen, immer das geringste Mediabudget. Alle Konkurrenten hatten auf TV als Basismedium gesetzt, während wir für D2 stets eine umfangreiche Mischung aus allen Medien einsetzten. Jeder halbwegs gebildete Werber weiß, dass diese Strategie erfolgreicher ist, als wenn man sich auf nur ein Medium für seine Kampagne konzentriert. Im Gegensatz zu den Wettbewerbern setzten wir diese Erkenntnis auch um.

Wir hatten aber noch mehr im Köcher. Schon damals arbeiteten wir als einzige Mediaagentur mit bis zu sechzehn verschiedenen Zielgruppen, die zwar aufwendig, aber sehr erfolgreich individuell über die unterschiedlichen Medien angesprochen wurden. Damit wuchs der Marktanteil von D2 Quartal um Quartal – bis D2 endlich die Telekom überholte und Marktführer wurde. Wir hatten die Zielgruppe einfach besser im Griff, und keiner der Wettbewerber wusste ein Mittel gegen unsere Überlegenheit.

Auch die größten Erfolgsstorys haben irgendwann ein Ende. Mannesmann D2 wurde an Vodafone verkauft. Der Mediaetat wurde 1999 europaweit ausgeschrieben. Als rein deutsche tkm hatten wir gegen die internationalen Agentur-Networks keine Chance. Der größte Etat, den wir jemals betreut hatten und der das Wachstum der tkm so beschleunigt hatte, ging über an einen Konkurrenten.

Wir haben uns rasch davon erholt und den Verlust durch den unmittelbaren Gewinn von Debitel, Versatel und Quam ausgeglichen. Schließlich galten wir längst als die mit Abstand fähigste Mediaagentur im Telekommunikationsmarkt.

Es verging übrigens kein halbes Jahr – die Nachfolgeagentur hatte inzwischen die Mediastrategie verändert und, oh Wunder, auf TV als Basismedium gesetzt –, da begann Vodafone Marktanteile zu verlieren und gab die Marktführerschaft wieder an den Erzrivalen Telekom ab. Shit happens.

Ausgekocht: Vertrauen zwischen Kunden und Dienstleister ist die wichtigste Voraussetzung für eine langfristige Beziehung. Und Vertrauen schafft auch die Basis für mutige, unkonventionelle Wege. Das schlägt sich schnell im Geschäftsergebnis nieder. Klassisches Win-win.

14
Sagen Sie Ihre Meinung, aber richtig

Es gibt Situationen im Leben, da sollte man
in sich gehen. Bevor man rausgeht.

Ich hatte immer meine helle Freude daran, Missstände aufzudecken, die Dinge beim Namen zu nennen und meine Finger lustvoll in die Wunden der Branche hineinzulegen.

Diesmal hatte ich eine Steilvorlage. 1991 – also noch Jahre vor dem Einbruch der Tarifpreise – gründeten die vier großen Werbeagenturen BBDO, DDB, J. Walter Thompson und Ogilvy eine gemeinsame Mediaagentur namens TMP The Media Partnership. Das war so spektakulär damals nicht, denn immer mehr Agenturen erkannten, dass sie Media-Boden gegen die unabhängigen Mediaagenturen verloren. Sie mussten ihre Mediaabteilungen ausgliedern, auf eigene Beine stellen und auf die Kunden loslassen, wollten sie verhindern, dass die unabhängigen Mediaagenturen alle Aufträge abgriffen – die immer häufiger unabhängig vom Kreativauftrag vergeben wurden.

Nur der eigentliche Auftrag dieser neuen TMP blieb am Anfang unklar. Bis plötzlich in Context, einem kleinen Fachblättchen für Marktforschung, das kaum jemand auf dem Schirm hatte, ein Interview mit dem Geschäftsführer der TMP erschien. Der Chef der Agentur, der hier interviewt wurde, war bislang in unseren Mediakreisen nicht besonders in Erscheinung getreten. Nun gab er zu Protokoll, die neue TMP werde erstmals mit den Medien über Tarifpreise verhandeln. Wenn die Bunte künftig einen höheren Rabatt einräume als der Stern, dann werde man ihr den Vorzug geben.

Ich war sprachlos. Hier sollte also der Mediaeinkauf die strategische und kreative Arbeit der Mediaplanung aushebeln. Der Preis sollte entscheiden, ob dem Kunden ein Medium empfohlen wurde, nicht mehr die Zielgruppennutzung oder die strategische Eignung. Unfassbar!

Ich setzte mich sofort als Werk. Heraus kam ein Brief an die Vorstände der größten Kunden von BBDO, DDB, JWT und Ogilvy. Ich erklärte darin, was hier getrieben werde, sei Teufelswerk, und sollten sie auch künftig Wert auf unabhängige Mediaberatung legen, stünde ich ihnen mit meiner Agentur jederzeit zur Verfügung.

Stolz brachte ich die paarundzwanzig Briefe zur Post. Und bekam bereits nach einer Woche Antwort. Vier Antworten, genau genommen. Von einer Düsseldorfer Anwaltskanzlei, die alle vier Werbeagenturen vertrat. In diesen Briefen bezichtigten sie mich der Rufschädigung und verlangten jeweils zwei Millionen DM Schadenersatz. Zusammen also acht Millionen.

Mir wurde mulmig zumute, und ich rief meinen Anwalt an.

Angesichts der Summe, um die es ging, hatte er sofort Zeit für mich. Er studierte meine Briefe an die TMP-Kunden und die vier gleichlautenden Repliken der Anwaltskanzlei. Und wurde blass. »Wie können Sie denn so etwas machen, ohne mich zu fragen?«, stammelte er fassungslos. Darauf hatte ich keine Antwort. Was denn daran so falsch sei, wollte ich kleinlaut wissen. »Sie ... Sie ...«, er rang sichtbar nach Luft, »Sie können doch nicht einfach die Kunden dieser Agenturen anschreiben! Sie dürften jederzeit einen offenen Brief in der Presse dazu veröffentlichen. Aber wenn Sie die Unternehmen direkt anschreiben, ist das strafbar, weil es einer Rufschädigung gegenüber deren Agenturen gleichkommt.«

Gulp. Ich hatte mich immer für so schlau gehalten. Jetzt saß ich richtig in der Tinte. Warum musste ich auch immer so vorlaut sein? Mein Anwalt meinte, ich müsse ihm jetzt erst einmal ein paar Tage geben, sich eine Strategie zu überlegen.

Schon am nächsten Tag rief er wieder an. Er hatte etwas entdeckt. Mit etwas Glück könne er mich da wieder raushauen. In jedem dieser vier Briefe, die identisch waren, hatte er einen kleinen, aber bedeutsamen Formfehler gefunden. Er setzte also unsere Erwiderung auf. Und verklagte unsererseits die vier Agenturen aufgrund des Formfehlers auf jeweils zwei Millionen DM. Im besten Fall würden sich die Schadenersatzforderungen also gegenseitig aufheben.

Nun hieß es die Luft anhalten. Es verging eine Woche, dann zwei. Ich wurde immer nervöser, nervte meinen Anwalt jeden Tag. Dann kam endlich die Erlösung. Wieder schickte die gegnerische Kanzlei vier Briefe. Und erklärte sich im Namen der vier Agenturen einverstanden, die Sache auf sich beruhen zu lassen. Nur mein Anwalt wollte die Sache nicht auf sich beruhen lassen. Er hielt mir einen nicht enden wollenden Vortrag darüber, dass ich ihn in Zukunft konsultieren solle, bevor ich solchen Mist verbockte. Ich ließ ihn reden. Mein einziger Gedanke war: Gott sei Dank, noch mal davongekommen.

Ausgekocht: Es ist schon okay, vorlaut zu sein. Eine vorlaute Stimme bekommt mehr Aufmerksamkeit. Man sollte sich dabei allerdings auf sicherem Boden befinden. Und schon gar nicht auf juristischem Glatteis.

15
Liebe das Finanzamt wie dich selbst

Da saßen also zwei Finanzbeamte auf meiner Couch und wollten mich am liebsten gleich in U-Haft nehmen. Der Ursprung des Problems wurde schnell klar: In unserer Buchhaltung hatte sich ein Fehler eingeschlichen. Gelder an die Medien wurden von unserem Hauptkonto überwiesen, anstatt von dem eigens für Mannesmann eingerichteten Unterkonto. Das führte dort mit der Zeit zwangsläufig zu einem Fehlbetrag. Bei einem Kontostand von einigen Millionen im Minus gingen bei der Commerzbank-Zentrale die Warnlampen an. Wann unsere Buchhaltungschefin es selbst bemerkte, habe ich nie erfahren.

Ich bemühte mich darum, das Geld vom D2-Unterkonto der Mannesmänner umzubuchen. Dabei schaltete sich das Controlling des Kunden ein und berief ein Meeting ein, an dem der Chief Financial Officer von Mannesmann teilnahm – eine Dame, mit der ich bislang noch nie zu tun hatte. Ihre Controller teilten uns mit, man könne die Gelder erst nach einer umfangreichen Prüfung freigeben, und die würde Wochen, gar Monate dauern. Kleinlaut wies ich darauf hin, dass meine Agentur schon längst keine Liquidität mehr besäße und mir die Hausbank bereits drohe, die Firma zu schließen.

Die steifen Controller ließen sich davon nicht beeindrucken. Wohl aber die CFO-Dame. Sie faltete ihre Leute kurzerhand zusammen und erklärte, sie sollten einem Dienstleister, mit dem man schon so lange so gut zusammenarbeite, auf der Stelle die Gelder freigeben. Das war die ersehnte Rettung. Ich schloss die Dame noch viele Abende in meine Gebete ein.

So weit, so gut. Die plötzlichen Liquiditätsprobleme und die Umbuchung mehrerer Millionen riefen jedoch das Finanzamt auf den Plan, das eine Prüfung ansetzte. Und nun hatte ich diese beiden Herren auf dem Sofa sitzen, die felsenfest behaupteten, ihre Untersuchungen hätten einen Fehlbetrag von genau zwei Millionen DM ergeben. Da könne nur Steuerhinterziehung im Spiel sein. Ich flehte die beiden an, mir Gelegenheit zu geben, alles aufzuklären. Ich sei kein Steuerhinterzieher, das würde sich bei genauerer Untersuchung alles in Wohlgefallen auflösen. Die beiden Herren schauten sich an. Dann ergriff der Finanzbeamte zur Rechten das Wort und sagte, was ich inzwischen nicht für möglich gehalten hatte: Er halte mich für eine ehrliche Haut, tatsächlich hätte ich mir noch nie etwas zuschulden kommen lassen. Zum ersten Mal in meinem Leben hatte ich Grund, das Finanzamt zu mögen. Denn sie gaben mir Zeit, das entstandene Durcheinander wieder in Ordnung zu bringen.

Es verging ein ganzes Jahr, in dem unsere Buchhaltung – diesmal überwacht von Steuerberater und externem Controller – gemeinsam mit dem Finanzamt Buchung für Buchung einzeln nachvollzog. Und zu dem Ergebnis kam, dass alles seine Ordnung habe. Jetzt hatte ich es amtlich: Den vermeintlichen Fehlbetrag hatte es nie gegeben. Und wissen Sie was? Für mich war es trotzdem ein Jahr ohne schlaflose Nächte. Denn ich war mir absolut sicher: Es konnte einfach nicht sein.

Was aus meiner Buchhalterin geworden ist? Ich habe ihr fristlos kündigen müssen. Jedoch nicht wegen der peinlichen Mannesmann-Panne. Bei der Überprüfung der Buchungen stellten wir fest, dass sie auf sehr geschickte Weise über einen Zeitraum von mindestens zwei Jahren über 20 000 DM unterschlagen hatte. Aber das ist eine andere Geschichte.

Die Fragen nach Ehrlichkeit, Fairness und ethischem Verhalten begleiten mich schon mein gesamtes Geschäftsleben, gerade weil es Tugenden sind, die man dort selten antrifft. Für Unternehmen geht es um Erfolg. Es geht um Gewinn, zumindest um die finanzielle »Gesundheit« von Unternehmen. Es geht um Macht, um Durchsetzungskraft. Da wird mit harten Bandagen gekämpft. Von all dem hatte ich keine Ahnung, als ich ins Berufsleben einstieg – und immer noch nicht, als ich meine Agentur gründete. So war ich einfach nicht. Ich dachte immer, ich käme auch mit Ehrlichkeit und Fairness durchs Leben. Und ahnte nicht, wie hart das werden würde. Insbesondere, wenn es um das liebe Geld ging.

Mediaagenturen tragen eine besondere Verantwortung, denn gegenüber ihren Auftraggebern agieren sie oft wie Banken. Sie verwalten fremde Kundengelder, lenken sie durch die Medienlandschaft, rechnen ab und stehen jeden Tag vor der Versuchung, Geld in die eigene Tasche zu wirtschaften. Schwierig wäre das nicht. Und manchmal wird man regelrecht mit der Nase darauf gestoßen: Da steht die Einkaufschefin vor mir, erzählt, dass eine verspätete Gutschrift von einem Verlag eingegangen sei – aus einem Jahr, das längst mit dem Kunden endabgerechnet war. Immerhin 12 000 €. Einstecken? Der Kunde wird das Geld weder vermissen, noch je von seiner Existenz erfahren. Nein, dem Kunden gutschreiben. Wird der Kunde uns dafür um den Hals fallen? Nein. Eher wird er darüber mosern, dass es Probleme gibt, das Geld im laufenden Jahr zu verbuchen. Trockene Buchhaltung, mehr nicht.

Als ich 1986 als Mediachef von Ernst & Partner zum ersten Mal für einen großen Discounter arbeitete, lernte ich die Praktiken der Zeitungsverlage kennen. Am Ende des ersten Abrechnungsjahres kamen unzählige Verlagsvertreter in die Agentur, um ihre Weihnachtsgeschenke zu überreichen. Darunter befanden sich zu meiner Überraschung (ja, ich war so naiv!) auch sehr viele Umschläge. In ihnen lagen Barschecks, die auf keinen bestimmten Empfänger ausgestellt waren. Sie summierten sich zu einem stolzen sechsstelligen Betrag. Ich hätte sie mühelos selbst zur Bank bringen können, sie dem Agenturchef auf den Schreibtisch legen ... oder sie dem Kunden überreichen. Ich entschied mich für Letzteres. Der Kunde war entsetzt. Von dieser hässlichen Praktik hatte sie die Vorgängeragentur »schonungsvoll« nicht unterrichtet. Zwischen mir und dem Kunden entwickelte sich fortan ein tiefes Vertrauensverhältnis.

Ich denke, die Menschen sind grundsätzlich nicht schlecht. Bis zu dem Augenblick, in dem sie verführt werden. Wenn es um Geld geht, fallen – wie ich im Laufe der Zeit erfahren musste – acht von zehn Personen um. Das kann man bedauern. Oder für sich selbst Schlüsse daraus ziehen. Wenn ich immer wieder betone, wie wichtig es ist, sich zu unterscheiden, dann ist spätestens hier eine Möglichkeit dazu. Ob man aus ehrlichem, geradlinigem Handeln einen besonderen Vorteil zieht? Ja: Man fühlt sich gut. Und geschadet hat es mir nie.

Vielleicht noch wichtiger als das Gefühl, ein ehrlicher und vertrauenswürdiger Geschäftsmann zu sein, ist jedoch die Erkenntnis, dass man nicht betrügen muss, um im Haifischbecken zu überleben. Gut, die Rendite und das eigene Einkommen könnten höher sein. Und zur Finca auf Mallorca reicht es nicht. Aber auch die Finca wird irgendwann langweilig. Es sei denn, man brauchte sie ohnehin nur zum Angeben.

Ausgekocht: Wenn Sie Gauner oder Parasit werden wollen, kann ich Ihnen die Mediabranche wärmstens empfehlen. Andererseits wäre mir lieber, Sie suchten sich dafür eine andere Branche. Wir sind in dieser Hinsicht bereits überbelegt.

16
Über Erfolg, oder:
Who the fuck is thomaskochmedia?

Als Agenturchef schaut man selbstbewusst.
Und kann Niederlagen einstecken.

Erfolg macht Spaß. Erfolg motiviert. Wenn eine Firma einen Lauf hat, dann trägt es einen einfach davon. Wenn dieser Erfolg über Jahre anhält, muss man förmlich aufpassen, dass man nicht den Boden unter den Füßen verliert. Aber das war meine Sorge nie. Weder ich noch meine Mitarbeiter sind jemals überheblich geworden. Wir haben nie den Erfolg als selbstverständlich betrachtet. Welche Schmerzen rascher Erfolg jedoch verursachen kann, erlebten wir hautnah. Mit jedem Kundengewinn wurde die Kraft der Agenturmannschaft aufgezehrt, bis geeignete neue Mitarbeiter gefunden waren, um den Mitarbeiterstamm zu entlasten.

Als besonders erfolgreich erwies sich das Jahr 1996. Auf einen Schlag gewannen wir drei Großkunden. Sagt man dazu nein? Natürlich nicht. Irgendwie ging es ja doch meistens gut. Nicht in diesem Jahr. Das Problem, mit dem wir uns übernommen hatten, hieß BASF. Wir hatten die Wettbewerbspräsentation gegen alle Großagenturen mit Glanz und Gloria gewonnen. Es war unser erster weltweiter Auftrag. Worauf wir uns mit unserem internationalen »Media Mondiale«-Network aus unabhängigen Agenturen bestens vorbereitet glaubten. Dann kam die Ernüchterung. Ich fuhr mit meiner BASF-Mediadirektorin nach Ludwigshafen zum Antrittsbesuch. Was man uns nicht verraten hatte: dass wir 24 (in Worten: vierundzwanzig) Abteilungen vorgestellt würden, mit denen wir künftig die Mediakampagnen weltweit zu konzipieren und umzusetzen hatten. Das »weltweit« war nicht das Problem. Sondern die 24 Abteilungen, denen wir ganze vier Planungsunits entgegenzusetzen hatten. Es scheiterte schlichtweg an der Logistik. Wir waren nicht groß genug für BASF. Ihnen blieb keine andere Wahl, als uns nach einem Jahr wieder zu kündigen.

Besonders bedeutsam werden Erfolge, wenn sie sich mit lang gehegten Träumen verknüpfen. Ich persönlich träumte immer davon, eines Tages für einen Filmverleiher zu arbeiten. Das war eines der wenigen Dinge, die ich mir stur in den Kopf gesetzt hatte. Einfach, weil ich Filme liebte. Schon mit zwölf stahlen wir uns im Kino unseres Montrealer Stadtteils durch eine Seitentür in Filme ab sechzehn. So kam ich früh in den Genuss von Streifen wie »Creature From The Black Lagoon«. Als »2001: A Space Odyssey« 1968 in London seine europäische Erstaufführung erlebte, war ich als Sechzehnjähriger unter den Ersten, die ihn sahen. Ich hatte mir kurzerhand ein Flugticket nach London gekauft, um dabei zu sein. Der Film ist bis heute einer meiner liebsten. Mich faszinieren die oscarprämierten Effekte ebenso sehr wie die geheimnisvolle Interpretation von Arthur C. Clarkes Kurzgeschichte. Bis heute diskutieren Fans, wie Kubricks Film zu verstehen ist. Er selbst hat es nie verraten. Ich liebe solche Geheimnisse.

1993 kam meine große Chance in Sachen Filmgeschäft. 20th Century Fox lud zur Präsentation, und wir kamen in den Pitch. Das war sofort Chefsache. Wir legten uns ins Zeug. Es galt, die Zielgruppe für den Film »FernGully« zu erreichen, den ersten animierten Kinofilm, der sich mit dem ernsten Thema Umwelt beschäftigte. Und damit, wie ich fand, auch erwachsene Zielpersonen ansprach. Wir entwickelten eine mutige Mediakampagne, in der die Erwachsenen via Spiegel & Co. die Treiber sein sollten, die ihre Kinder ins Kino schleppten. Statt wie sonst andersherum. Doch Mut zahlt sich meistens aus. Wir waren die einzige Agentur, die eine solch abenteuerliche Empfehlung ausgesprochen hatte. 20th Century Fox gefiel die Art und Weise, wie wir an die Aufgabe herangegangen waren, und sie waren bereit, das zu belohnen. Wir gewannen den Pitch. Ich war überglücklich, zumal unser Mut, mit Konventionen zu brechen, wieder einmal bestätigt wurde. Und wir hatten endlich den heiß ersehnten Filmkunden. Aber nicht irgendeinen, sondern 20th Century Fox. Na ja, fast.

Denn der deutsche Marketingchef brauchte dazu noch den Segen aus San Francisco. Die Antwort war ernüchternd: »Who the fuck is thomaskochmedia?« Er wurde aufgefordert, gefälligst eine international bekannte Agentur zu beauftragen. Ihm blieb wohl keine andere Wahl. Für uns war es enttäuschend: Wir hatten den Pitch geholt und wurden doch nur unglücklicher Zweiter.

Aber mein Traum war noch nicht zu Ende. Besagter Marketingchef wechselte kurz darauf zu Universal Pictures, rief mich an und kündigte daraufhin den bestehenden Agenturvertrag. Ich hatte über Nacht und gänzlich ohne Wettbewerbspitch nicht nur endlich einen Filmverleih als Kunden und einen lukrativen Etat in der Tasche, sondern auch einen echten Freund gewonnen, der uns als Agentur später noch einmal mitnahm, als er zu Tobis wechselte.

Für Filme zu arbeiten ist für eine Mediaagentur eine echte Herausforderung. Jeder neue Film ist wie ein neuer Kunde, mit einer neuen Aufgabe und einer neuen Zielgruppe. Während sich die Zielgruppe für eine Joghurtmarke kaum verändert, gilt es bei Filmen immer aufs Neue zu ergründen, welche Bevölkerungsgruppe sich besonders angesprochen fühlen könnte. Wenn ich heute wieder die Wahl hätte zwischen einer großen Automobil- oder Mobilfunkmarke und einem Filmverleih ... Sie ahnen, welche Entscheidung ich treffen würde. Ich liebe Filme.

Ausgekocht: Wenn Sie einen großen Wunsch haben oder gar einen Traum, dann lassen Sie ihn nie aus den Augen. Um ihn sich zu erfüllen, müssen Sie bereit sein, Risiken einzugehen. Eines Tages wird der Traum wahr.

17
Gross Rating – oder einfach nur groß raten?

Electronic Arts. Hatte ich noch nie gehört. Einer unserer Kunden, Vobis, der damals größte Computerhändler Deutschlands, hatte uns empfohlen. Ein Blick in die Werbeaufwendungen verriet mir, dass das Unternehmen bislang nur Werbung in Fachmagazinen für Gamer gemacht und Etats in der Größenordnung von mehreren Tausend Mark »investiert« hatte. Na toll, dachte ich, dann ist ja das erste Jahreshonorar mit der Fahrt nach Aachen ausgegeben. Dennoch fühlte ich mich verpflichtet, ihnen wenigstens diesen einen Besuch abzustatten.

Ich wurde begrüßt von einem Rudel halbwüchsiger Wilder, die Computerspiele machten. Schräg. Aber irgendwie lustig und total nett. Hier konnte man doch mal ein unterhaltsames Stündchen verbringen. Die jungen Männer klärten mich darüber auf, dass die große Zeit der Computerspiele unmittelbar bevorstehe. Meine Zweifel daran ließ ich mir nicht anmerken, und so fuhren wie fort: Sie würden pünktlich zur Fußball-WM 1998 in Frankreich ein entsprechendes Computerspiel auf den Markt bringen und dafür zum ersten Mal einen Millionenetat in Endverbraucherwerbung investieren. Genau eine Million DM. Dafür suchten sie eine professionelle Mediaagentur, würden einen Pitch ausrufen und wollten wissen, ob wir Interesse hätten. Die Leute von Vobis hätten uns in höchsten Tönen gelobt.

Keine Frage. Genau unser Ding. Den Etat holen wir. Aber vorher prüfen, worauf wir uns da einlassen. Wie sich herausstellte, war der Mutterkonzern in den USA größer als gedacht. Gut. Wir machten uns an die Arbeit. Die einzige Vorgabe im Briefing war, dass Electronic Arts auf Fernsehwerbung bestand, weil man so Screenshots aus ihrem Computerspiel einsetzen konnte, schließlich wollte man den Gamern das Spielerlebnis schmackhaft machen. Das leuchtete ein. Also entwickelten wir einen TV-Plan und zusätzlich ein Feuerwerk an kreativen Ideen in unzähligen anderen Medien. Immerhin waren wir »die Media-Mix-Agentur« und verstanden es früh, die einzelnen Medienplattformen sinnvoll und kreativ miteinander zu vernetzen.

Der TV-Etat war natürlich nicht besonders hoch. Wir entschieden uns für ein paar Highlights in den großen Sendern und ganze Bündel von TV-Spots in sehr preiswerten kleinen Sendern, wie dem gerade eingeführten GigaTV. Dieser neuartige Spielesender hatte zwar nicht viele Zuschauer, wollte dafür aber »interaktiv« mit ihnen umgehen. Was auch immer das heißen sollte. Unmittelbar dran an der Zielgruppe waren wir damit auf jeden Fall. Vor gewisse Schwierigkeiten stellte uns allerdings, dass so kleine Sender über keine Zuschauermessung verfügten. Es blieb also nichts anderes übrig, als Medialeistung, Reichweite und die berühmten Gross Rating Points (GRPs) – die komplizierte Berechnung des Werbedrucks, den Medialeute so sehr lieben, aber kaum einer von ihnen verständlich erklären kann – zu schätzen. Das erklärte ich zur Chefsache und schätzte es kurzerhand selbst.

Dann kam der große Tag: Präsentation. Ich war gut drauf. Und muss mit einer solchen Begeisterung präsentiert haben, dass sie uns vom Fleck weg den Auftrag gaben. Sie nahmen das ganze Feuerwerk an Ideen ab, hatten jedoch eine kleine Bitte. Wir hatten insgesamt 975 GRPs errechnet und damit im Vergleich zu allen anderen Agenturen aus dem TV-Etat die mit Abstand höchste Medialeistung herausgeholt. Das erklärten wir uns mit der unglaublichen Zielgruppennähe der ausgewählten Umfelder. Sie fragten nun, ob es durch Umschichtungen bei den Sendern möglich sei, den Werbedruck auf die runde Zahl von 1000 GRPs zu steigern. Albern, dachte ich. Und reine Kosmetik. Aber kein Hexenwerk.

Zurück in der Agentur machte ich mich an die Arbeit. Auf die Überraschung, die folgte, war ich allerdings nicht gefasst: Ja, ich hatte mich bei der ganzen Schätzerei wohl ein wenig verrechnet. Sollte ich das zugeben? Mich der Lächerlichkeit preisgeben? Ich schlief eine Nacht darüber und »verschätzte« mich am nächsten Tag erneut. Electronic Arts bekamen sogar 1005 GRPs für ihr TV-Geld. Die Einführung des Fußball-Games war ein Riesenerfolg. Und mit jedem neuen Spiel, das danach herauskam, übertrafen wir alle internen Umsatzerwartungen. Und uns selbst im Erfinden immer neuer kreativer Mediaideen, die der Kunde stolz als Best Practice um die Welt schickte. Mit Electronic Arts gewannen wir zweimal den Mediapreis in Deutschland und eine Shortlistplatzierung in Cannes, dem weltgrößten Wettbewerb der Kreativen. Die Auszeichnungen erhielten wir sowohl für exorbitante Absatzsteigerungen (WM-Fußballspiel 1998) als auch für besonders kreative Kampagnenumsetzungen (bei der Einführung des Spiels »Black & White« 2001).

Unsere Art zu denken, unsere Art, uns in unsere Zielgruppen hineinzuversetzen, inspirierte stets auch die Kreativagenturen. Wir waren keine stupiden Number Crunchers, keine Zahlenfresser, sondern lieferten immer auch Ideen, die den Agenturen unmittelbar bei ihrer Arbeit halfen – beim Entwerfen von Konzepten, Anzeigen und Spots. Dutzende Agenturchefs haben meinen Leuten und mir immer wieder erzählt, wir seien die erste Mediaagentur, mit der zusammenzuarbeiten Spaß mache. Für mich war das die Grundvoraussetzung für jede erfolgreiche Kampagne. Und auch unsere gemeinsamen Kunden merkten es schnell – an ihrer Umsatz-steigerung.

Die Erfolgsgeschichte mit Electronic Arts nahm kein Ende. Der Etat stieg Jahr um Jahr und überschritt bald die 10-Millionen-Grenze, inzwischen Euro. Jede Mediaagentur in Deutschland beneidete uns um diesen Kunden. Und wir hatten wieder einmal Gelegenheit, es allen zu zeigen.

Was ich daraus gelernt habe? Dass Gross Rating Points völlig überschätzt werden.

Ausgekocht: Eine vielversprechende Idee darf nicht Zahlen zum Opfer fallen. Sie erklären nicht den Wert eines kreativen Konzeptes. Wer glaubt, man könne alles berechnen, zimmert sich seinen eigenen Käfig.

18

Erfolge soll man feiern

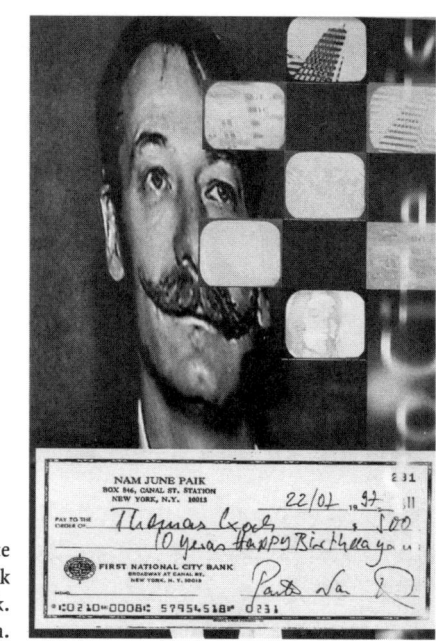

Zum 10-Jährigen überreichte
Videokünstler Nam June Paik
mir ein Geschenk.
Was mit Medien.

Was so selbstverständlich klingt, ist es oft nicht. Man gewinnt einen neuen Kunden, freut sich natürlich darüber – und bevor man zum Feiern kommt, hat einen der neue Kunde längst vereinnahmt. Meetings, die Etatübernahme, das anstehende Etatjahr, eilige Entscheidungen, schon steckt man mitten im Tagesgeschäft. Das geht manchmal so schnell, dass man es selbst kaum wahrnimmt.

Ich habe stets dafür gesorgt, dass wir – bei aller Arbeit – nicht vergaßen, auf unsere Erfolge anzustoßen. Also: Etat gewonnen, Feier am nächsten Freitag, nicht erst Wochen später. Man feiert schließlich den gemeinsamen Erfolg, man feiert die Leute, die ihn errungen haben. Man lässt mal für einen Augenblick einfach los.

Sie ahnen es: Wir haben sehr viel gefeiert. Grund dazu hatten wir am laufenden Band. Aber es gab ein paar besondere Anlässe, die uns wohl immer in Erinnerung bleiben werden. Allen voran die schon als legendär zu bezeichnende 10-Jahres-Feier der thomaskochmedia im Düsseldorfer Malkasten. Mit Kunden, den Medien und allen, die uns nahestanden. Vor allem aber mit unseren Mitarbeitern, die der ganzen Werbewelt zeigen wollten, welche Emotionen sie mit »ihrer« tkm verbanden. Der Abend hat mich sehr gerührt. Und wohl jeden, der ihn erlebte. Das war auch großes Kino: mit Europas bester Beatles-Cover-Band, die wir aus Moskau einfliegen ließen. Billig war der Spaß nicht. Zumal wir anschließend mit der kompletten Agenturtruppe nach Ibiza flogen, um noch ein paar Tage weiterzufeiern. Es war jeden Cent wert.

Ja, unser Zusammenhalt war stark, und unvergessen blieb mir, was eine neue Mitarbeiterin sagte, die erstmals mit uns verreiste: »Ich dachte, ich starte in einer Mediaagentur. Aber das hier ist ja fast eine Sekte.« Das war abends auf der Expo 2000 in Hannover, als die Dinge etwas auszuarten begannen. Über den Satz habe ich lange nachgedacht. Ich war es nicht, der eine Sekte gewollt hatte. Es waren die Mitarbeiter, die aus meiner tkm so etwas wie eine Sekte gemacht hatten. Damit hatte diese Beschreibung für mich ihre Berechtigung. Dann eben Sekte.

Ende der 90er Jahre brachte es unsere Agentur sogar zu einem gemeinsamen Auftritt als Rockband. Die Programmzeitschrift TV Movie hatte einen Agentur-Amateurband-Wettbewerb namens »Chickeria« ausgerufen. Auf so schräge Veranstaltungen hatten wir immer Lust, zumal unter unseren Mitarbeitern zumindest einer war, der ziemlich gut singen konnte. Forsch meldeten wir uns an. Und probten fortan unter Anleitung eines semiprofessionellen Musikers, den wir uns von unserer Plakatagentur ausliehen. Ich ließ es mir natürlich nicht nehmen, die Truppe moralisch und finanziell zu begleiten. Unsere Band nannte sich »Die schon wieder« und landete gleich beim ersten Auftritt einen Achtungserfolg. Das Schönste an unserem Auftritt war jedoch unser Fanclub, der den Abend im Düsseldorfer Tor 3 rockte, den Saal zum Kochen brachte und zum besten Fanclub des Abends gewählt wurde. Die ganze Agentur war samstags zusammengekommen, um den Auftritt ihrer Band zu erleben. Sie versprühte ein Zusammengehörigkeitsgefühl, das geradezu elektrisierte.

Als wir im Jahr darauf erneut als »Die schon wieder« starteten, hatte ich einen sehr persönlichen Wunsch: Ich wollte bei einem Song mit auf der Bühne stehen, um wenigstens einmal an meinen Jugendtraum vom Rockstar anzuknüpfen. Die Band forderte allerdings von mir, ich solle dann auch tatsächlich den Lead Singer machen. Wir wählten ein Lied, das auf meine tiefe, raue Stimme passte, und nach quälend vielen Rehearsals, in denen vor allem mein musikalisches Timing auf eine ernste Probe gestellt wurde, schmetterte ich »The Letter« von den Box Tops in die begeisterte Menge. Mein Glück ist selbst heute noch schwer zu beschreiben. Auftritte vor Publikum war ich zwar hinlänglich gewohnt, doch das hier war anders. Ich fühlte mich auf der Rockbühne pudelwohl. Vielleicht wäre ja doch ein passabler Rockstar aus mir geworden ...

Der schönste Überraschungscoup in Sachen Feiern gelang mir einmal zu Weihnachten. Die Kollegen waren es gewohnt, dass sie spätestens Anfang Dezember erfuhren, wo die Weihnachtsfeier stattfand. So auch in jenem Jahr. Ich hatte zusammen mit meiner Sekretärin einen Italiener ausgemacht, den bestimmt keiner kannte. Wir riefen also die Agentur ins Konfi zusammen, guckten ganz scheinheilig und nannten den Namen des Restaurants. Er klang so wunderschön italienisch. Die Mitarbeiter schauten sich gegenseitig an. Niemand hatte jemals von einem Restaurant dieses Namens in Düsseldorf oder Umgebung gehört. Das große Rätselraten begann. Es war eine Dame aus der Buchhaltung, die das Geheimnis aufdeckte. »Das ist doch wohl nicht in Rom, oder?«, platzte sie heraus. Doch, war es – und die Begeisterung groß. Es wurde eine unvergessliche Weihnachtsfeier, vielleicht die schönste, die die Agentur je erlebte. Ganz besonders galt das für zwei Mitarbeiter, die sich am Vorabend unseres Weihnachtsessens in Trastevere auf einer romantischen Piazza nähergekommen waren – und bis heute ein Paar sind.

Ansonsten waren unsere zahlreichen Feiern sicher wie in den meisten anderen Firmen auch. Am Ende blieb der harte Kern.

Viele Chefs verabschieden sich früh. Angeblich, damit die Mitarbeiter unter sich feiern können. Das habe ich nie getan. Im Gegenteil: Ich gehörte stets mit zum harten Kern. Das löste allerdings regelmäßig ein Phänomen aus, das mir einige Rätsel aufgab: Zum Schluss saßen wir im kleinen Kreis zusammen, einigermaßen angeheitert natürlich. Dennoch wurden alle plötzlich ganz ernst. Man begann über die Agentur zu reden. Da hagelte es gut gemeinte Verbesserungsvorschläge, und auch an Kritik wurde nicht gespart. Das galt auch für Tadel an meiner Person, zumindest an Entscheidungen, die ich getroffen hatte oder, noch besser, noch zu treffen hatte.

Natürlich muss man sich das als Chef nicht antun. Viele hätten sich dem sicher auch nicht ausgesetzt. Aber ich verstand es als willkommenes und notwendiges Ventil. Hier konnte jeder, der so lange durchgehalten hatte, sagen, was er wollte. Ohne dabei ein Blatt vor den Mund zu nehmen. Nach einer Weile des Zweifelns, ob dieses Forum einen Sinn ergab (und wenn ja, welchen), begriff ich, dass meine Mitarbeiter eigentlich nichts anderes taten, als ich ihnen Tag für Tag vorlebte: Sie sagten ihre Meinung. Es war eine einmalige Gelegenheit zuzuhören. Zu erfahren, was die Menschen beschäftigte, die sich tagtäglich für diese Agentur aufopferten. Natürlich war es für mich auch eine wunderbare Gelegenheit, Persönlichkeitsstudien anzustellen. So erfuhr ich doch allerhand über die Personen und die Kräfte, die meine Agentur im Inneren zusammenhielten. Das gab mir Sicherheit, was Entscheidungen über Menschen, Posten und Beförderungen betraf, die einem anderen Chef vielleicht fehlte.

Wie macht man es richtig? Soll der Chef unnahbar sein? Oder »einer von Truppe«? Ich wollte meinen Mitarbeitern immer so nah wie möglich sein, wollte für sie anfassbar sein. Im Wissen, dass sie doch über mich lästern, sobald ich den Raum verlasse. Das muss so sein.

Ausgekocht:

Sparen Sie nicht an Feiern. Sie sind wichtig für den Zusammenhalt jeder Firma. Und liefern ungeahnte Möglichkeiten, Ihren Mitarbeitern zuzuhören. Das sollten Sie sich nicht entgehen lassen.

19

Wer hat Angst vorm zweiten Mann?

Je schneller die thomaskochmedia wuchs, desto klarer wurde mir, dass der Tag der ganz flachen Hierarchie und der ganz kurzen Wege irgendwann zu Ende gehen würde. Die schönste Zeit war zweifellos die, in der die tkm aus etwa dreißig Mitarbeitern bestand, die sich alle sehr gut kannten, toll harmonierten und sich gegenseitig motivierten. Doch wer den Erfolg will, muss auch in Kauf nehmen, dass die Mitarbeiterzahl wächst. Man bemüht sich, die Atmosphäre der ersten Zeit hinüberzuretten. Einer für alle, alle für einen. In einer inhabergeführten Agentur sind natürlich die Voraussetzungen besser, dieses Wir-Gefühl auch tatsächlich zu erhalten. In diesem Punkt sind Inhaber-Agenturen den großen Network-Agenturen und Konzernen deutlich überlegen. Wenn die Mitarbeiter, egal wie viele es sein mögen, Grund haben, zu ihrem Chef aufzusehen, wenn sie emotional engagiert sind, wenn sie sich sozusagen für »ihre« Agentur die Beine ausreißen.

Und doch kommt der Tag, an dem der Inhaber beschließt: Ich will einen zweiten Mann, eine zweite Frau installieren. In meinem Fall wollte ich einfach Verantwortung abladen oder teilen, neue Kundenpotentiale erobern und dabei selbst neue Impulse bekommen. Und es war – nicht ganz unwichtig – auch der Punkt erreicht, an dem die Agentur eine zweite Führungskraft finanzieren konnte. Ich freute mich auf den Tag, an dem wir jemanden einstellen würden, und sah ihm mit Spannung entgegen.

Das Briefing ging an meinen Mentor Dieter Krämer. Ihm allein vertraute ich, eine Person zu finden, die zu uns – also auch zu mir – passte. Es verging eine ganze Zeit, bis er sich wieder meldete. Mit der Nachricht: Person identifiziert. Ich traf also Markus. Super Lebenslauf. Studium unter anderem in San Francisco, Stationen bei MediaCom Düsseldorf und Wien, Aufbau der MediaCom Warschau, inzwischen zurück und TV-Chef bei Leo Burnett in Frankfurt. Wir sprachen einmal, zweimal, dreimal. Er war schwer zu überzeugen. Der typische Network-Agency-Boy, der sich schwertat, auf die vermeintlich unsichere »andere« Seite der inhabergeführten, unabhängigen Agentur zu wechseln. Aber er war mein Mann. So etwas spürt man. Er unterschrieb. Dass wir die nächsten acht Jahre sehr erfolgreich Seite an Seite arbeiten würden, das stand noch in den Sternen. Erst kam für ihn ein wahrer Spießrutenlauf bei der tkm. Ich stellte ihn zunächst als Planungschef vor, ohne gleich zu verraten, dass er einen Vertrag als designierter Geschäftsführer in der Tasche hatte.

Die Truppe machte es Markus nicht leicht. Sie wollten keinen Chef neben ihrem »TK« dulden. Er musste sich die Anerkennung mühsam erarbeiten. Und er zeigte es allen, nicht durch große Reden, sondern mit Taten. Wir gingen gemeinsam in die Bongrain-Präsentation und gewannen. Mit seiner TV-Expertise. Wir gingen in die nächste Präsentation: Arcor – und gewannen. Mit seiner TV-Expertise. So langsam gewöhnte sich die Agentur an seine Anwesenheit. Es gab zwar immer noch Mitarbeiter, die sich damit brüsteten, einen direkten Draht zu mir zu haben, aber ich machte mich rar und schaffte damit den Platz, den Markus brauchte. Zugleich begann er, neue Forderungen an unsere Arbeit zu stellen (was ja zuvor meine Domäne gewesen war), und brachte neue Tools, also Instrumente, in die Firma ein. Vor allem aber führte er ein systematisches Denken ein, das der Agentur neu war.

Wir entwickelten uns zu einem kongenialen Team. Er: geerdet, strukturiert, stets bemüht um eine systematische Ordnung, die mir eher fern war. Ich: kreativ, unsortiert, frei schwebend und denkend – das genaue Gegenteil. Doch in einem Punkt kamen wir zusammen: der Entwicklung von erfolgreichen Strategien für unsere Kunden. Das passte. Jeder Mitarbeiter fühlte sich zu einem von uns mehr hingezogen als zum anderen. Der neue Wettstreit der Kulturen schuf einen äußerst fruchtbaren Boden für die weitere Entwicklung der gesamten Agentur. Wir waren offen für jede Diskussion mit jedem Kunden. Wir hatten vor allem die Expertise für jede Diskussion. Und gleichzeitig blieben wir die Kreativen. Die Unangepassten. Die mit den überraschenden Ideen. Mit den neuen Zugängen zu neuen Zielgruppen. So blieb die tkm auch nach dieser Erweiterung um einen strategischen Denker einzigartig. Anderen gedanklich immer einen Schritt voraus.

Ausgekocht: Unternehmen müssen sich stets weiterentwickeln. Dafür reichen die Talente ihres Gründers irgendwann nicht mehr aus. Dann braucht man einen zweiten Mann, eine zweite Frau. Und einen Chef, der weiß, wann es Zeit ist loszulassen.

20

Wer ist besser: die Alten oder die Jungen?

Wer sind die besseren Mitarbeiter? Die Alten mit ihrer ganzen Erfahrung, Gelassenheit und Weisheit? Oder die wilden und unverbrauchten Jungen? Ich will versuchen, die Frage zu beantworten, ohne zu dem üblichen salomonischen Urteil zu kommen, dass eine Mischung aus beiden stets die beste Lösung sei.

Beginnen wir mit den sogenannten Alten. Im Kontext von Agenturen sind damit Menschen jenseits des biblischen Alters von 35 gemeint. Mitarbeiter mit zehn Jahren Berufserfahrung, die noch maximal zehn Jahre Agentur vor sich haben. (Wo sie danach bleiben, ist übrigens ein ungelöstes Rätsel.) Sie haben schon fast alles erlebt: Präsentationen, die begeisterten, und solche, die in die Hose gingen. Fordernde Auftraggeber und geduldige. Kunden auf Augenhöhe und ahnungslose. Überhebliche Kreative und gelangweilte. Vor allem aber beherrschen sie ihr Handwerk. Damit beginnt das Problem.

Mediaplanung ist keine Wissenschaft, keine Rocket Science – auch wenn uns das manche immer wieder weiszumachen versuchen –, sondern zunächst einmal ein relativ simples Handwerk. Spätestens nach einem Jahr kann man es erlernt haben. Was darauf folgt, ist Erfahrung. Im Umgang mit den verschiedenen Medien, Zielgruppen und Märkten. Daraus kann ein Media-Alchemist jeden Tag aufs Neue ein höchst wundersames und äußerst wirksames Gebräu zaubern – oder aber im Handwerklichen erstarren. Was leider allzu oft vorkommt. Die meisten Menschen mögen das Neue nicht. Sie geben sich zufrieden mit dem Erlernten und wollen es in Ruhe anwenden. Dass sie damit nicht prädestiniert sind für die Arbeit in einer Medienbranche, die sich fortlaufend verändert und weiterentwickelt, liegt auf der Hand. Dafür punkten sie mit anderen Tugenden, die in der täglichen Agenturhektik durchaus brauchbar sind: Gelassenheit, Überlegtheit, Ruhe.

Wenden wir uns den Jungen zu. Sie haben Irgendwas-mit-Medien studiert und werden nun auf die Menschheit losgelassen. Sie scheren sich weder um Konventionen noch um Hierarchien. Sie sind ungestüm, müssen nichts verteidigen und haben nichts zu verlieren. Sie überlagern ihre fehlende Lebens- und Berufserfahrung mit Spontaneität, Kreativität und Ehrgeiz. Auf sie wartet abends keine Familie, die Zuwendung braucht. Wenn es ihnen gefällt, machen sie die Nacht zum Tag. Sie lassen sich schnell begeistern, haben Lust auf spannende Aufgaben. Interessante Arbeit mit Gleichgesinnten ist für sie quasi eine Party.

Mit welchen der beiden würden Sie lieber arbeiten? Mit den gelassenen Erfahrenen oder mit den kreativen Ungestümen? Natürlich braucht man beides in einer Firma. Mehr noch in einer Mediaagentur, wo man sich ständig in verschiedenste Zielgruppen hineinversetzen muss.

Meine Erfahrung, vor allem aus Workshops und Brainstormings, lehrt mich jedoch zu unterscheiden. Den älteren Planern liegt oft viel daran, ihr bewährtes Handwerk und ihre Erfahrung zu verteidigen. Sie sind häufig unbrauchbar, wenn es um Kreativität und neue Ideen geht. Selbstauferlegte Scheuklappen schirmen sie von allem ab, was ihnen links oder rechts in die Quere kommen könnte. Das ist, wie ich lernen musste, allzu menschlich. Die Jungen denken freier, weil ihre Erfahrung sie dabei – noch – nicht stört. Ihr innerer Aufstand gegen die Etablierten setzt Kräfte frei, die Kreativität und unkonventionelles Out-of-the-box-Denken erst ermöglichen. Obwohl es ihnen an der Übersicht noch mangelt und sie sehr viel unsortierter zu Werke gehen als ihre älteren Kollegen, können sie Ideen entwickeln, die eigentlich den berühmten Helikopterblick voraussetzen.

»Wir sind die Jäger, nicht die Gejagten!« Diesen Spruch rief einmal ein Mitarbeiter in die Runde, als wir mit der gesamten Agentur zusammensaßen und uns über unsere Positionierung am Markt Gedanken machten. Er traf den Nagel auf den Kopf. Das Motto sollte die tkm viele Jahre begleiten. Sein Urheber war keineswegs eine unserer Führungskräfte, geschweige denn einer der strategischen Denker. Es war ein junger freier Mitarbeiter, der in der Buchhaltung Rechnungen einscannte. Er hatte die tkm besser verstanden als manch anderer. Er hatte nichts zu verlieren und war eindeutig zu Höherem berufen. Unnötig zu erwähnen, dass wir ihm eine feste Anstellung gaben.

Ich fände es schon spannend, eine Mediaagentur zu gründen, die ausschließlich aus Mitarbeitern über 50 besteht. Sie müsste »49ers« heißen. (Eine Idee, die einmal im Gespräch mit zwei »älteren« Kollegen am Rande einer Tagung entstand.) Ein solches Setting würde die Erfahrenen und Eingefahrenen dazu ermuntern, wach zu bleiben, offen zu bleiben für alles. Ich wette, die Agentur wäre erfolgreich.

Aber viel lieber noch würde ich eine Agentur aus Youngstern gründen, die den Markt richtig aufmischen. Mit ihrer Unbeschwertheit und ihrer Naivität. Und ich weiß, sie würden die etablierten Agenturen das Fürchten lehren. Schade, dass es seit über fünfzehn Jahren niemand gewagt hat, überhaupt eine neue Mediaagentur zu gründen.

Ausgekocht: Erfahrung ist wertvoll, doch sie ersetzt nicht die Unvoreingenommenheit und wilde Kraft, mit der junge Mitarbeiter zu Werke gehen. Im Zweifel würde ich den jungen Ungestümen die Verantwortung geben.

21

Auf die Stärken von Menschen setzen

Wir standen unter Zugzwang. Die großen Mediaagenturen hatten längst begonnen, sogenannte TV-Optimierung zu betreiben. Eigentlich kein Zauberding, aber finanziell recht aufwendig: Die GfK-Quoten nach Zielgruppen auswerten, Langzeitanalysen betreiben, Prognosen erstellen. Und die tkm hatte es halt noch nicht. Also setzten wir eine Stellenanzeige auf und suchten einen TV-Optimierer, der auf diesem neuen Gebiet bereits Erfolge vorweisen konnte.

Die Ausbeute war überschaubar. Ein Favorit war jedoch unter den Bewerbern, nennen wir ihn Klaus. Er hatte Erfahrung in der noch jungen Disziplin der TV-Optimierung. Also lud ich ihn zum Gespräch. Klaus berichtete kurz von seiner Tätigkeit als TV-Optimierer in einer der großen Network-Agenturen, ging aber schnell dazu über, von seinem Faible für Sponsoring zu erzählen. Ich ließ ihn ausreden, bestand jedoch darauf, dass wir über eine Anstellung als TV-Optimierer redeten. Er ließ sich darauf ein, ich mich auch. Denn irgendwie hatte mich dieser Mensch fasziniert.

Mein Gefühl hätte mir sagen müssen, dass ich nicht den richtigen TV-Optimierer eingestellt hatte. Schon wenige Monate später – genau genommen pünktlich zum fälligen Gespräch vor Beendigung der Probezeit – kam er mit einem Vorschlag: So viel TV zu optimieren habe die tkm doch gar nicht, er würde gern halbtags das Thema Sponsoring aufbauen. Damit überraschte er mich keineswegs. Ich hatte geahnt, dass

93

so etwas passieren würde. Und recht hatte er zudem, denn er war beim besten Willen nicht ausgelastet. Mein Geschwafel von künftigen Kundengewinnen beeindruckte ihn nicht. Er wollte für die tkm eine Sponsoring-Unit aufbauen. Punkt. Ich ließ ihn gewähren und gab ihm die Freiheit. Aber nur halbtags. Darin war ich unnachgiebig. Er sollte mir monatlich von seinen Erfolgen berichten.

Sie ahnen, wie die Geschichte ausging? Klaus baute eine Sponsoring-Unit auf. Und das mehr als erfolgreich. Ein gutes Jahr später beschäftigte die neue Abteilung drei Mitarbeiter. Sie band unsere Kunden noch enger an uns, die sich einmal mehr erstaunt zeigten, wozu ihre tkm fähig war. Klaus ging in seiner neuen Aufgabe auf. Wir haben mit der Sponsoring-Unit sponsoringbytkm nie das große Geld verdient, von dem er träumte. Aber drei Arbeitsplätze geschaffen und viele Kunden glücklich gemacht. Und vielleicht am glücklichsten war Klaus.

Aus dieser Erfahrung habe ich viel gelernt. Dass man die Fähigkeiten seiner Mitarbeiter oftmals unterschätzt. Dass viele Menschen verborgene Qualitäten besitzen, die man nicht kennt. Und man gut daran tut, sie an die Oberfläche zu befördern. Dass man Menschen die Freiheit geben muss, das zu tun, was sie für ihre Berufung halten. Selbst dann, wenn man gerade etwas völlig anderes von ihnen erwartet. Wenn es funktioniert, profitieren am Ende alle davon. Und ehrlich gesagt, ich habe noch nie erlebt, dass es nicht funktioniert hätte. Man muss den Menschen nur die Freiheit geben, das zu tun, was sie leidenschaftlich gern tun möchten.

Was aus unserer TV-Optimierung wurde? Nachdem Klaus ganz ins Sponsoring gewechselt hatte, fanden wir bald eine herausragende TV-Optimiererin, die seine Lücke ausfüllte. Die Gruppe wuchs schnell auf drei Personen, denen es gelang, ihren Job neu zu erfinden. Denn sie verließen sich bei der Platzierung der TV-Spots unserer Kunden keineswegs nur auf ihre Software. Die Hälfte aller Spots arbeiteten sie nach wie vor händisch ein. Und taten das in enger Abstimmung mit unseren Kunden, die sie auf diese Weise in die Arbeit einbezogen. Die Kunden hatten einen Höllenspaß daran, stundenlang mit unseren Damen über die geeignetsten TV-Umfelder zu diskutieren.

Es ist fast müßig, es zu erläutern: Die Optimierungsprogramme wurden erfunden, um der neuen Datenmenge Herr zu werden und um Arbeitsplätze einzusparen. Eigentlich also um die Arbeitseffizienz zu verbessern, den Umsatz pro Kopf zu erhöhen und die Rendite zu steigern. Wir hatten es wieder einmal anders interpretiert – und das machte für viele Kunden den entscheidenden Unterschied. Bei der tkm war eben alles anders. Selbst das in den meisten Agenturen längst automatisierte Fernsehen wurde bei uns mit Liebe von Hand eingeplant.

Mit Mitarbeitern wie Klaus, der hier nur stellvertretend für Dutzende anderer steht, haben wir unsere Kunden zufriedengestellt. Wir haben sie immer wieder aufs Neue überrascht. Leider gibt es keine Statistik, es zu belegen, aber ich bin mir sicher, dass wir die loyalsten Kunden der gesamten Mediaagenturbranche hatten. Wer zu uns stieß, blieb meist zehn Jahre und länger – allen Abwerbeversuchen zum Trotz. Darauf waren wir stolz. Übrigens, effizient war unsere Strategie damit erwiesenermaßen auch.

Ausgekocht: Geben Sie den Menschen, die Sie umgeben, die Chance, sich zu entfalten. Schaffen Sie eine Atmosphäre, in der sie um ihre eigene Entfaltung regelrecht kämpfen. Sie zahlen es Ihnen zurück. Und Sie werden überrascht sein, was in manch einem Ihrer Mitarbeiter steckt.

22

Bauchgefühl ist eine ernste Sache

Es war das Jahr 1997. Also die grenzenlos wundersame Zeit vor dem ersten Onlinecrash. Alles, was Beine hatte, ging damals an die Börse. Ich bekam einen Anruf von Siegfried Willing, der mich zum Gespräch und auf einen Kaffee einlud. Und was er mir erzählte, ließ mich schwindlig werden.

Willing war ein Gentleman der alten Werbeschule. So wie Eggert, Baums, Hegemann, Troost, Vasata. Willing war das W in MPW, der Urmutter der heutigen Havas in Düsseldorf. Wir hatten uns Jahre zuvor kennengelernt, als es mit meiner geliebten GGK bergab ging, ich einen neuen Job suchte – und MPW einen neuen Mediachef. Unsere damalige Begegnung war leider kurz, so wie der gesamte Bewerbungsvorgang. Den vermasselte sein Geschäftsführer gründlich. Ich merkte bald, dass man in der Agentur noch nicht so weit war, das Thema Media wirklich ernst zu nehmen – und so ließ ich den Deal am Firmenwagen platzen. Sie wollten mir doch ernsthaft einen Peugeot 205 (ihres Kunden) anbieten. Mir aber schwebte in meinem Übermut und angesichts der Bedeutung meines Jobs eher eine richtige Limousine des Typs 505 vor. Das waren Welten, die unüberbrückbar schienen.

Spaß beiseite. Willing, der sich früh aus den Gesprächen verabschiedete, hatte mich sehr beeindruckt. Und ich ihn offensichtlich auch. Mittlerweile war er längst aus der Agentur ausgestiegen und beriet Werbeagenturen mit seiner kleinen, aber feinen Beratungsfirma. Ich hatte inzwischen mein Glück in Frankfurt bei Ted Bates gesucht, war zurückgekehrt – und hatte mich mit meiner tkm selbständig gemacht. Willing hatte mich all die Jahre über beobachtet.

Nun meldete er sich wieder bei mir, mit einem Angebot: Er wolle meine tkm an die Börse bringen. Die Konsortialbanken würde er besorgen, alles kein Problem. (Natürlich würde auch er dabei sein Stück vom Kuchen abbekommen.) Alles, was wir brauchten, sei eine »Story«, die wir den Banken und später den Investoren präsentierten. Dabei sei ein Vermögen zu machen.

Ich war wie elektrisiert. Die nächsten Wochen verbrachte ich jeden Abend vor immer neuen Blättern Papier und entwarf Konzepte für Firmenkonglomerate und »die Story«. Der Börsengang würde Millionen einspielen. Aber was damit anstellen? Man musste den Investoren ein Konzept präsentieren, das so zukunftsträchtig und profitabel wirkte, dass sie ihre Geldbeutel öffneten. Das müsste doch machbar sein. Ich erzählte meine Geschichte: Die tkm würde kleinere Mediaagenturen aufkaufen oder sich an ihnen beteiligen. Wir würden alle in ein Gebäude ziehen, ein gemeinsames Backoffice errichten, dabei unnötige Overheads einsparen – und uns als Bastion der Unabhängigkeit gegen die scheinbar so übermächtigen Network-Agenturen präsentieren. Mit einem Schlag wären wir eine der größten Mediaagenturen des Landes und damit ein potentieller Geschäftspartner auch für große, internationale Unternehmen.

Mein Konzept fand ich genial. (Ja, ich besitze es noch und bewahre es als Kleinod meines Berufslebens auf.) Es erschien so einfach, die Millionen der Investoren anzulocken, dass ich … zu zweifeln begann. Bis heute kann ich nicht sagen, was genau es war, das mich zögern ließ. Plötzlich überschlugen sich die Ereignisse. Zwei Banken hatten bereits zugesagt, uns beim Going-public zu begleiten. Die ersten Termine für Präsentationen vor Investoren standen fest. Doch ich hatte immer mehr das Gefühl, dass mir der ganze Vorgang entglitt. Außerdem, das kann ich ja heute zugeben, verstand ich keineswegs alle Details dessen, was da auf mich zukam. Man hatte es mir zwar geschildert, aber die letzten Konsequenzen waren mir nicht klar. Mich überkam das Gefühl, dass die Banken bei diesem Börsengang zwar ein Geschäft witterten, dabei aber nicht unbedingt das Wohl meiner Agentur im Sinn hatten. Ich war nicht mehr Herr der Lage, sondern die Ereignisse begannen eine wilde Achterbahnfahrt mit mir zu veranstalten.

Ich zog die Reißleine. Es war wie die Notbremsung eines ICE in voller Fahrt. Mit kreischenden Rädern kam das Projekt Börsengang zum Stehen. Ich war erleichtert. Schlagartig. Meine tkm gehörte wieder mir. Ich allein bestimmte wieder die Fahrtrichtung und die Geschwindigkeit. Ob ich meine Entscheidung bereue? Ob es nicht eine Chance gewesen wäre, sich auf dieses Abenteuer einzulassen? Nein. Denn kurz darauf kam es zum Börsencrash des Jahres 2000. Zum Platzen der berüchtigten Dotcom-Blase. Wir wären vermutlich an der Börse baden gegangen. Wahrscheinlich hätte ich alles verloren.

Ich hatte mich auf mein Gefühl verlassen. Auf dieses gewisse Unwohlsein, dass ich im Begriff war, etwas zu tun, was ich eigentlich nicht wollte. Ich empfand mich als fremdbestimmt. Seitdem habe ich immer auf mein Bauchgefühl gehört.

Ausgekocht: Unzählige Entscheidungstools können helfen, Für und Wider abzuwägen. Doch sie haben alle einen Makel: Sie blenden das Gefühl aus. Verlassen Sie sich auf Ihren Bauch. Es gibt keinen besseren Seismographen.

23
Sauber bleiben!

Gerade stehen und lächeln.
Und morgens in den Spiegel
gucken können.

Man munkelte zu Beginn des Jahrtausends, dass die großen Mediaagenturen für Umsatzzusagen von den beiden TV-Vermarktern IP (RTL, Vox) und SevenOne (Pro Sieben, Sat.1) sogenannte Kick-backs erhielten – Freispots, die sie ihren Kunden teilweise berechneten, oder höhere Rabatte, die sie nicht weitergaben. Im Grunde waren das nichts anderes als erhöhte, jedoch verdeckte Provisionen. Mich kratzte das nicht. Ich würde keine Medien einplanen, nur weil sie uns Vergünstigungen gaben. Ich wollte unsere Kunden weder belügen noch falsch beraten – und schon gar nicht betrügen.

Eines schönen Tages flatterte uns jedoch ein Irrläufer in die Post. Ich habe nie erfahren, ob von jemand absichtlich eingefädelt oder ob es nur ein dummer Fehler war. (Ein solcher Fehler war eigentlich unmöglich.) Post von einem der beiden großen TV-Vermarkter. Es handelte sich um Terminbestätigungen an eine Mediaagentur, ausgestellt auf einen ihrer TV-Kunden. Ich wurde neugierig, denn weder hatte ich je von dem Unternehmen gehört, das hier angeblich Werbung schalten wollte, noch waren die TV-Termine mit Preisen bestückt. Wir rechneten nach. Es ging um Terminbestätigungen im Wert eines sehr hohen sechsstelligen Betrags. Ich spielte Detektiv und rief den vermeintlichen Kunden an, einen mittelständischen Industriebetrieb in Sachsen. Auf meine Bitte, mich mit dem Leiter der Marketingabteilung zu verbinden, teilte man mir lapidar mit, dass es im Haus keine Marketingabteilung gäbe.

Ich hatte den Beweis. Es handelte sich ganz offensichtlich um Freispots für einen frei erfundenen Kunden, die der Mediaagentur hier bestätigt wurden. Aber was sollte ich damit machen?

Ich beschloss zu handeln und ließ mir einen Termin beim Geschäftsführer des besagten TV-Vermarkters geben. Wir kannten uns gut. Zu seinen Mitarbeitern hatten meine Kollegen ein ausgezeichnetes Verhältnis. Wie überhaupt die tkm bei allen Medien hoch angesehen war. Wann immer es ein Problem zu lösen gab, war man uns behilflich. Wir pflegten sehr harmonische Geschäftsbeziehungen und bauten auf gegenseitigen Respekt und Wertschätzung. Zumindest bis zu jenem denkwürdigen Tag.

Wie immer wurde ich vom Geschäftsführer freundlich empfangen. Wir betrieben Smalltalk in gewohnt herzlicher Atmosphäre. Dann kam ich zur Sache. Ich legte ihm die Terminbestätigungen neben seine Kaffeetasse – und holte aus, mein Anliegen vorzutragen. Wir hätten, schilderte ich, kürzlich einen nennenswerten TV-Kunden an eben diese Düsseldorfer Mediaagentur verloren, da wir nach Aussage des Kunden zwar die überlegene Planung vorgelegt hatten, jedoch leider bei den Konditionen nicht mithalten konnten. Das zu hören hatte mich verärgert – und nun kannte ich die Hintergründe. Ich erläuterte, dass Sonderkonditionen, die man nur den größeren Network-Agenturen einräume, den unabhängigen Agenturen das Wasser abgraben würden. Als Vermarkter habe man doch sicher kein Interesse daran, den Agenturmarkt künstlich in ein Oligopol zu verwandeln, dem man später gnadenlos ausgeliefert sein würde.

Der gute Mann ließ mich in aller Ruhe ausreden. Und überraschte mich mit einer übertriebenen Portion Jovialität: Mitnichten seien das Freispots. So etwas gäbe es nicht. Ein Gerücht, weiter nichts. Selbstverständlich würde man uns die gleichen Konditionen einräumen wie größeren Agenturen. Man wolle selbstverständlich nicht derart ins Marktgeschehen eingreifen, schon gar nicht zum eigenen Schaden. Ich hätte da völlig recht. Selbstverständlich!

Und die Terminbestätigungen, die schwarz auf weiß vor ihm lagen? Ach die! Das sei nichts weiter als der Betalauf eines neuen Abwicklungsprogramms. Die Agentur habe sich freundlicherweise bereit erklärt, sie versuchsweise in ihr System einzuspeisen. Bla bla bla.

Ich fuhr an diesem Tag nicht in die Agentur zurück. Nie zuvor in meinem Leben hatte ich mich so gedemütigt gefühlt. Nie hatte mich jemand dermaßen belogen und vor die Wand laufen lassen. Nie war ich so naiv ins offene Messer gerannt.

Natürlich hatten die TV-Vermarkter begonnen, einem erlauchten Kreis großer Agenturen Sonderkonditionen einzuräumen. Wenige Jahre später führte dies zu einer öffentlichen Diskussion, die heftiger nicht hätte ausfallen können. Und natürlich verloren wir noch im selben Jahr den nächsten TV-Kunden. Gegen diese Entwicklung waren wir machtlos. Die Mehrzahl unserer Kunden hielt uns allerdings die Stange – und schlug die Konditionsangebote der Wettbewerbsagenturen aus. Sie entschieden sich für die überlegene Planung und schätzten sie höher ein als ein paar Prozentpunkte mehr Rabatt. Und so hielten sich unsere Kundenverluste in Grenzen. Ungewollt gab uns der Markt ein neues Feld preis: Transparenz. Wir gewannen danach sogar einige Kunden dazu. Und neues (Selbst-)Vertrauen.

Ob ich den damaligen Geschäftsführer des TV-Vermarkters noch kenne? Er ist längst nicht mehr im Amt. Gelegentlich sehen wir uns bei Branchenevents. Jedes Mal begrüßen wir uns freundlich. Aber etwas in mir zuckt heftig.

Ausgekocht: Täuschungen, Tricks und Demütigungen – all das gehört zum Tagesgeschäft. Lassen Sie sich dadurch nicht von Ihrer Linie abbringen. Man muss nicht werden wie die.

24
Zufällen vertrauen

Die auslaufenden 90er, die Zeit noch vor dem Platzen der großen Online-Blase, war an Aufregung kaum zu überbieten. Wir saßen, wie so oft, in bewährter Runde zusammen: das »Dirty Dozen«, zwölf Führungskräfte, die für den Erfolg der Agentur verantwortlich waren – Geschäftsführer, Mediadirektoren, wichtige und verdiente Gruppenleiter. Und diskutierten wieder einmal über unsere tkm. Über unseren Erfolg, diesmal speziell über die Gründe für den Erfolg. Meistens trafen wir uns monatlich im El Amigo, unserem Spanier im Düsseldorfer Grafenberger Wald. Dessen Geschäftsführer nachts um drei, wenn die übrigen Gäste längst gegangen waren, seinen (angeblich) einhundert Jahre alten Cognac für uns aus dem Keller holte. Manchmal trafen wir uns auch auf Mallorca in einem angesagten Designhotel wie dem Puro, wie sich das für Agenturleute so gehörte.

Diesmal waren wir einem echten Phänomen auf der Spur. Wir waren zu der verblüffenden Erkenntnis gekommen, dass die Agentur am stärksten durch junge Kunden wuchs, die mit kleinen und mittleren Werbeetats zu uns gestoßen waren – und deren Etats mit der Zeit über sich hinauswuchsen. D2/Vodafone war dafür das Paradebeispiel, aber auch Electronic Arts, Kyocera, ING-DiBa und viele andere mehr. Das war also eines der Geheimnisse unseres Erfolges. Nun brauchten wir daraus nur noch eine Strategie zu entwickeln, um den Erfolg zu skalieren. Beschwingt schritten wir zur Tat. Die Zeit dafür schien ideal. Überall entstanden junge Start-ups, die mit dem Geld ihrer Investoren nur so um sich warfen.

Für diesen Beutezug war unsere Online-Unit tkmNext prädestiniert. Prompt gewannen wir den Etat von buecher.de. Und machten Furore mit dem ersten Werbebanner, das je in Deutschland über eine Website flatterte. Nur versank buecher.de für uns leider schnell wieder in der Versenkung. Sie erwiesen sich als ebenso flatterhaft wie unser fliegendes Banner. Mit einem Großplakat inklusive fliegendem Buch, das wir vor ihrem Büro platzierten, bedankten wir uns für die Zusammenarbeit. Das war Old School, mit Absicht – und hatte Stil.

Was man von den jungen Start-ups nur bedingt behaupten konnte. Unvergessen geblieben ist mir unsere Präsentation bei 12snap, einem der Internetpioniere, später Vorreiter in Sachen Mobile-Marketing. Ich saß einer Horde aufgeblasener Zwanzigjähriger gegenüber, die mit den Millionen ihrer Investoren im Rücken die Welt aus den Angeln heben wollten. Ich persönlich stieg aus der Nummer aus, als sie mir nach meiner Präsentation erklärten, ich hätte weder Ahnung von Marketing noch von Medien. Sie interessierten keine hochtrabenden Strategien, sondern nur die knallharten Konditionen. Der Schlag galt meiner Magengrube, gut platziert. Ich habe mich davon erholt.

Dafür wurden wir die erste Mediaagentur von StepStone. Auch diese Zusammenarbeit währte nur zwei Jahre. Dann waren sie entschwunden. Ohne Erklärung. Ohne Kündigung. Einfach weg. Was da schiefgelaufen ist, weiß ich bis heute nicht. StepStone entpuppte sich allerdings als einer der wenigen Online-Kunden aus der Pionierzeit, an denen wir besser festgehalten hätten. Auch wenn sie dasselbe vermissen ließen wie die meisten ihrer Start-up-Kollegen: Stil – und Manieren. Und was uns offenbar fehlte, war ein Händchen dafür, diese wilden Start-ups im Zaum zu halten, sie als Agenturkunden langfristig an uns zu binden. Dieser neue Markt funktionierte anders als die alte Industrie.

Was ich daraus gelernt habe? Dass es durchaus sinnvoll ist, nach den Gründen für Erfolg zu suchen, sich über die entscheidenden Faktoren Gedanken zu machen. Dass man aber, was in der Vergangenheit erfolgreich war, selbst nach den verblüffendsten Erkenntnissen nicht so einfach systematisieren oder gar skalieren kann. Das wäre ja auch zu schön: Wenn man eine Art von Erfolgssystematik einfach mechanisieren könnte. Ganz andere Dinge spielen da hinein. Nach meiner Theorie – oder nennen wir es lieber Lebenserfahrung – besitzen wir Antennen, die uns empfänglich machen für Signale aller Art. Sie lassen uns erkennen, welche unserer Vorhaben Erfolg versprechen, was wir tun müssen, um unserem Leben die richtige Wendung zu geben. Solange wir sie jedoch eingefahren haben, empfangen wir die Signale nicht, die uns erreichen sollen. Deshalb kann ich jedem nur empfehlen: Antennen ausfahren! Ein Phänomen macht es ohnehin schwer, mit ein und demselben Konzept dauerhaft erfolgreich zu sein. Das sind die geheimnisvollen Wellenbewegungen, die man aus der Wirtschaftslehre kennt. Es hat wohl etwas mit der Veränderung zu tun, die in uns allen schlummert. Dem Wunsch nach Neuem. Der Sehnsucht nach immer Besserem, immer Modernerem: schneller, höher, weiter.

Kreativagenturen kennen es nur zu gut, dieses Phänomen. Kaum ist eine Agentur ein Jahrzehnt lang hip und angesagt, wird sie von der nächsten abgelöst. Das ist DDB so ergangen, TBWA, GGK, Springer & Jacoby, und irgendwann wird es auch Jung von Matt und Heimat ereilen. Dieselben Leute mit demselben Agenturkonzept in derselben Firma: Das geht in dieser Branche nicht ewig gut. Dieselben Leute in einer neuen Agentur mit neuem Konzept, das geht auf. So zog der Kreativ-Treck von GGK über Springer & Jacoby zu Jung von Matt. So erhob sich auch DDB zu neuem Leben.

Ausgekocht: Erfolge lassen sich nicht so einfach skalieren. Man muss Zufälle zulassen, sein Glück herausfordern – und stets das eigene Profil schärfen. Dagegen kommt die beste Planung nicht an.

25
Wie man die aufregendsten Kunden der Welt gewinnt

An den Etat für die Hosenmarke Dockers kamen wir durch reine Mund-zu-Mund-Propaganda. Dockers hatte von seiner PR-Agentur gehört, wir seien ein kreativer Mediahaufen, und wollte uns kennenlernen. Das hieß dann meistens so viel wie: »Wir haben nicht viel Geld, deshalb müsst ihr möglichst viel für uns rausholen.« Ok, darin waren wir geübt. Dockers arbeitete mit einer sehr kleinen, jungen Mannschaft von Düsseldorf aus, und die Leute entpuppten sich, wie so oft, als sehr sympathisch. Fashionleute halt.

Die Zusammenarbeit entwickelte sich prächtig und machte unglaublich viel Spaß. Das war ein guter Ausgleich für ein schmales Budget mit wenig Ertrag. Eines Tages präsentierte man uns stolz eine neue Kampagne. Sie kam wie immer aus der Kreativküche von BBH in London. Meist ziemlich schräges Zeug. Aber diesmal hatten die Köpfe der angeblich kreativsten Agentur Europas definitiv den Vogel abgeschossen: Das Printmotiv zeigte zwei Männer, die ein umgestürztes Kanu durch eine Stadt trugen. Dass sie dabei Dockers-Hosen trugen, war nicht zu erkennen. Dafür war das Markenlogo so klein und versteckt, dass es in der Anzeige völlig unterging. Bei aller Liebe zu ausgefallener Kreation, mir platzte der Kragen. Mit diesem Motiv und dem winzigen Budget wollte man den Verkauf ankurbeln? Der Kunde guckte verschämt und murmelte, man müsse halt die weltweite Kampagne übernehmen. Gut, ließ ich sie wissen, aber so nicht. Wenn, dann müssten wir die Geschichte irgendwie auf die Straße bringen. Das meinte ich wörtlich. Wir engagierten zwei Studenten, die samstags auf dem Kudamm in Berlin mit einem Kanu überm Kopf auf- und abliefen. Sie blieben immer wieder vor dem Hertie-Schaufenster stehen, das wir anlässlich dieses Events eigens für Dockers hatten umdekorieren lassen. Zugegeben, das war nicht die klassische Aufgabe einer Mediaagentur, aber irgendwer musste es ja machen. Der Umsatz stieg um 58 Prozent.

Dockers war so begeistert, dass sie unseren Best Practice Case zum Headquarter nach San Francisco schickten. Die Antwort ließ nicht lange auf sich warten. Sie kam jedoch nicht von Dockers, sondern von Levi's, der Konzernmutter. Bei mir meldete sich ein freundlicher Inder aus der europäischen Levi's-Zentrale in Brüssel, der sich als ihr weltweiter Mediachef vorstellte. Man habe von unserer Arbeit für Dockers gehört und wolle uns kennenlernen. Wenn's ginge, noch in derselben Woche, weil er ohnehin in Deutschland sei. Ich stimmte freudig zu und klopfte uns allen auf die Schultern.

Tags drauf meldete sich der freundliche Inder wieder. Obwohl unser Termin bereits morgen sei, habe er eine kleine Bitte: Er würde mir seinen TV-Plan schicken, der allerdings noch optimierungsbedürftig sei. Ob wir das so kurzfristig schaffen könnten? Ich roch den Braten nicht, sagte einfach zu und stürzte einige meiner Mitarbeiter in eine lange Nachtschicht. Am Mittag des nächsten Tages flatterte der gute Mann in unser Büro. Klein gewachsen, angezogen mit Jeans, T-Shirt und Flip-Flops. Gut, die Fashionleute sind eben schräg. Das kannten wir. Er schenkte der Agenturpräsentation seine Aufmerksamkeit und verfolgte ebenso interessiert unseren Optimierungsvorschlag für seine TV-Kampagne. Dann eröffnete er uns, dass das alles nur ein Test gewesen sei. Wir hätten bereits hinlänglich unsere Kreativität unter Beweis gestellt, aber er musste sichergehen, dass wir auch unter Zeitdruck unser Handwerk beherrschten. Daran habe er nun keinen Zweifel mehr. Es könne sein, dass wir gut zusammenpassten. Ob wir bereit seien, am übernächsten Morgen in Brüssel zu präsentieren? Das wäre gut, da der weltweite CEO von Levi's zu Besuch sei. Die Gelegenheit gäbe es selten.

Wie bitte? Levi's, eine der unter Werbeleuten begehrtesten Ikonen der Markenwelt, erwog ernsthaft, mit unserer tkm zusammenzuarbeiten? Der Adrenalinspiegel stieg in gefährliche Höhen. Brussels, here we come!

40 Stunden später standen wir im European Headquarter und präsentierten vor dem Worldwide CEO und den einigermaßen verdutzten Mediaagenturchefs aus ganz Europa unser Konzept. Es waren die Länderchefs sämtlicher Starcom-Agenturen, die wir später (nach unserer Fusion mit Starcom) alle wiedersehen sollten. Denn Starcom betreute Levi's in ganz Europa. Nur eben nicht in Good Old Germany.

Der Ausgang der Präsentation war eine mittlere Sensation. Wir bekamen den Zuschlag und gewannen damit einen der aufregendsten Kunden der Welt. Was wir jedoch erst in Brüssel erfuhren: Der freundliche Inder hatte sich bereits nach unserem ersten Gespräch in Düsseldorf für uns entschieden. Er hielt es allerdings für eine kluge Idee, uns vorerst auf Trab zu halten. Es wurde der Beginn einer langen Freundschaft.

Ausgekocht: Es reicht nicht aus, gut zu sein. Man muss auch wahrgenommen werden. Wenn Ihre Kunden Sie weiterempfehlen, machen Sie etwas richtig. Mundpropaganda ist die beste Werbung.

26

Warum nicht mal werben?

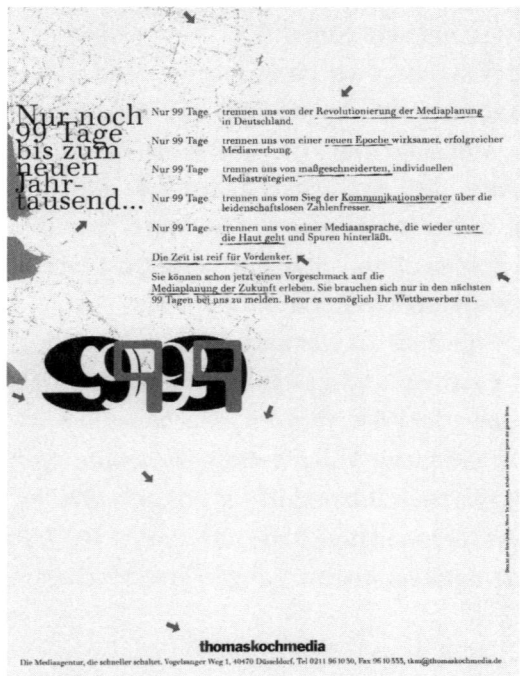

Die Millennium-Kampagne. Heute im Museum
für Kunst und Gewerbe Hamburg.

Wenn man Werbe- und Mediaagenturen fragt, wie sie Kommunikation mit ihrer Zielgruppe betreiben, bekommt man
zur Antwort: Werbebriefe, Aussendungen, PR … und dann
kommt nur noch heiße Luft. Dieses Phänomen hatte mich

stets fasziniert. Die Branche, die davon lebt, dass sie ihren Kunden klassische Kommunikation empfiehlt, die überzeugt von der Wirkung von Anzeigen, TV-Spots und Bannern fantasiert – und damit gutes Geld verdient –, ist der einzige Berufszweig in Deutschland, der selbst so gut wie nie wirbt.

Ich fand es immer mutig, die Kundschaft von der Wirkkraft von Werbung überzeugen zu wollen, wenn man selbst nie Erfahrung mit diesem Instrument gemacht hat. Es ist, als würde man sein Auto einem Kfz-Mechaniker anvertrauen, der es selbst ablehnt, Auto zu fahren. Nun, eigentlich war es eine große Chance: Wenn niemand in der ganzen Branche warb, dann sollte thomaskochmedia die erste Agentur sein, die es wagte. Mittel und Wege, sich von der Konkurrenz zu unterscheiden, tun sich täglich vor einem auf. Manchmal muss man es einfach nur tun. Diese Aufgabe wollte ich Rainer Baginski anvertrauen. Er war ein hochdekorierter Kreativer, damals einer der besten Konzeptioner des Landes, seine Kampagnen füllten die ADC-Jahrbücher. Da unsere Agenturen eng zusammenarbeiteten, konnte ich ihn für die Herausforderung gewinnen. Im Schnellkurs lernte ich, eine Kreativagentur zu briefen. Das war auch gar nicht schwer, weil es über die tkm wahrhaftig genug zu erzählen gab.

Es vergingen zwei, drei Wochen. Dann kam sein Anruf. Es war gegen halb zwei. Nachts, wohlgemerkt. Selbst ich als Nachtmensch war zu dieser späten Stunde überrascht, Rainers Stimme zu hören. Völlig aufgeregt rief er ins Telefon: »Thomas, ich habe einen Claim für dich! Hör mal her: ›thomaskochmedia, die Mediaagentur, die schneller schaltet.‹« Ich war zunächst perplex, dann hingerissen. Das war schlichtweg genial. Es war doppeldeutig, verspielt und nahm uns selbst nicht zu ernst. Rainer hatte die tkm verstanden. Es war egal, dass ich ihn nie um einen Claim gebeten hatte. Der Spruch sollte bis zur späteren Fusion mit Starcom unser täglicher Begleiter sein.

Die erste Kampagne für die tkm war eine Dialogkampagne. Ein fiktives Interview, das Thomas Koch mit Thomas Koch führte. Über Themen wie Wirkung, Strategie, Glaubwürdigkeit und Qualität. Diesen ungewöhnlichen Dialog schalteten wir sechsmal mit sechs verschiedenen Episoden in der Wirtschaftswoche. Die Resonanz war überwältigend. Eine Anfrage um einen Gesprächstermin bekamen wir per Ansichtskarte aus Kenia, wohin ein Marketingchef seine Wirtschaftswoche mit in den Urlaub genommen hatte. Wir lernten in diesen Wochen und den darauffolgenden Jahren viel über Werbewirkung, über die Verzahnung von Print und PR und über Kommunikation.

Von da an entwickelte Rainer jedes Jahr eine neue Kampagne für uns. Und jedes Mal aufs Neue genoss er die kreative Herausforderung ganz offensichtlich. Die meisten der Kampagnen erschienen zunächst in der Werbefachpresse. Später, vor allem mit der Einführungskampagne für die tkm-Consultingsparte namens tk-one, trauten wir uns damit auch wieder in die Wirtschaftspresse.

Den absoluten Höhepunkt erlebten wir mit einer Countdown-Kampagne zum Millennium 2000. Unsere Kampagne bestand aus 24 Motiven, von denen jedes nur ein einziges Mal veröffentlicht wurde. In 24 Episoden erfuhren die potentiellen Kunden von den Vorzügen kreativer Mediaplanung und wurden aufgefordert, doch bald selbst – natürlich mit uns an ihrer Seite – Teil einer vielversprechenden Zukunft zu werden. Diese Kampagne, die es sogar bis ins Hamburger Museum für Kunst und Gewerbe schaffte, bescherte uns viel Aufmerksamkeit – und neue Kunden.

Unsere Werbung in eigener Sache war für unsere Verhältnisse teuer. Der Etat stieg Jahr um Jahr und erreichte seinen Höhepunkt bei weit über 200000 DM. Das Ergebnis jedoch war Rechtfertigung genug: Als zehntgrößte Mediaagentur Deutschlands hatten wir den höchsten Bekanntheitsgrad und waren – noch viel wichtiger – die mit Abstand profilierteste Agentur des Landes. Das ergab eine von Emnid durchgeführte Befragung, die wir in Auftrag gegeben hatten – natürlich, weil wir auf genau dieses Ergebnis hofften. Und weil wir damit werben wollten. Das wiederum schlug sich in Anfragen, Präsentationen und Kundengewinnen nieder. Die Rechnung war ganz einfach: Sie ging auf.

Mit einer unübersehbaren Kombination aus PR und Werbung hatten wir über die Jahre hinweg eine Marke geschaffen. Eine Agentur als Marke. Und Marke bedeutet Wert. Das weiß jedes Kind. Und sollte auch jeder Agenturchef wissen. Dass Mediaagenturen hier keine Ausnahme bilden, hatten wir hinlänglich bewiesen.

Unsere Wettbewerber beobachteten uns mit Argusaugen. Aber sie waren machtlos. Viele Kollegen drohten: »Wir starten jetzt auch eine Kampagne. Es geht nicht an, dass du den Markt hier allein aufrollst!« Nach jeder dieser Ankündigungen lehnte ich mich gelassen zurück. Ich wusste, sie würden es nicht schaffen. Wir hatten zu viel Vorsprung – und sie keinen blassen Schimmer von Kommunikation. Oder noch schlimmer, nichts zu erzählen. Ihnen fehlte schlichtweg eine klare Positionierung.

Ausgekocht: »Tu Gutes und rede darüber.« Jeder Geschäftsführer, jede Firma und erst recht jede Agentur ist eine Marke. Und die braucht Kommunikation. Eine Marke, über die niemand redet, ist tot.

27
Die Zielgruppe
sind auch nur Menschen

Früher war Mediaplanung recht simpel. Man schaute, wie sich die Käufer eines Produkts oder einer Marke zusammensetzten, nahm an, dass die künftigen Käufer wohl so ähnlich aussehen würden, und fertig war die Zielgruppe. Nun musste man nur noch die geeigneten Medien auswählen, um diese Bevölkerungsgruppe zu erreichen. Fertig war der Mediaplan – in a nutshell.

Mediaplanung heute ist ein komplexer Vorgang, der sehr viel mehr Gefühl und Einfühlungsvermögen verlangt. Schon deshalb, weil der Endverbraucher anspruchsvoller geworden ist, viel Auswahl hat und sich nicht mehr so einfach begeistern lässt. Deshalb sucht man nach wegweisenden Einsichten, von den Werbern hochtrabend »Consumer Insights« genannt. Man bemüht sich zu verstehen, wie der Endverbraucher tickt, möchte seine Wünsche und Neigungen kennen. Nur so findet man die richtige Ansprache – und natürlich die richtigen Ansprachekanäle. Damit der Umworbene im Idealfall eine wahre Freude daran findet, unserer Botschaft zuzuhören.

Klingt nicht einfach. Ist es auch nicht, denn die entscheidenden Einsichten finden sich nicht in Excel-Sheets oder Computerprogrammen. Zwar verfügt der Mediaplaner heute über Unmengen an Daten, die ihm einen Hinweis geben können (man spricht großspurig von »Big Data«) – sie nehmen ihm aber nicht die Aufgabe ab, sich in die Zielgruppe hineinzuversetzen. Gefragt sind Verstand und Einfühlungsvermögen. Weshalb sich übrigens weibliche Mediaplaner häufiger leichter mit der Aufgabe tun als viele ihrer männlichen Kollegen. Dabei muss man verstehen, dass unser Berufsstand bei der Arbeit mit Daten und Einsichten am Ende immer auf deren Interpretation angewiesen ist.

Ein Beispiel: Zu behaupten, die meisten Frauen interessierten sich für Mode, ist keine umwerfende Erkenntnis. Umwerfend wird es erst, wenn man annimmt, dass der Absatz eines Kleinwagens sich ankurbeln lässt, wenn man ihn wie Mode präsentiert. Wenn man ihn auf einen Catwalk hebt, Shows im Modeumfeld organisiert und die Anzeigen erstmals in der Geschichte der Autowerbung mitten in die Modestrecken der Hochglanz-Modetitel platziert. Dann kann es passieren, dass der Absatz plötzlich in die Höhe schießt. Genau so geschehen bei Lancia.

Oder bei einer Kampagne für eine so trockene Materie wie einen DSL-Tarif: Einerseits zu ergründen, dass sich nicht mehr nur junge Männer für schnelles Internet interessieren, sondern Paare, die zusammen wohnen, Entscheidungen für einen DSL-Anbieter wahrscheinlich gemeinsam treffen. Andererseits dann auf die Idee zu kommen, sie anzusprechen, wenn sie gemeinsam Fernsehen gucken. Also im Umfeld von Frauenfilmen, die Männer geduldig über sich ergehen lassen, statt wie zuvor in Actionfilm- und Sportumfeldern. Die Kreativagentur dazu zu inspirieren, einen passenden Spot für die neue Zielgruppe zu drehen. Um dann erstaunt zu erleben, wie die Zahl der eingehenden Anrufe im Arcor-Callcenter um sage und schreibe 852 Prozent steigt. Nicht einmalig, sondern über einen Zeitraum von insgesamt zwölf Wochen. Wow.

Oder ein Kundenbriefing für ITS-Reisen zu erhalten, in dem steht, wir mögen die Prospektauflage in den Reisebüros erhöhen, weil dadurch womöglich der Marktanteil auch der Buchungen stiege. Anzunehmen, dass sich Ehepaare gemeinsam über das nächste Familienurlaubsziel unterhalten, sobald die Kataloge veröffentlicht werden. Dass die Mütter beim Thema Urlaub das Sagen haben, weil sie die Interessen der Kinder vertreten. Dass aber zumeist die Männer die Kataloge in den Reisebüros abholen (das erfuhren wir von den Reisebüros). Und dann dafür zu sorgen, dass sie per Plakat- und Radiowerbung auf dem Weg zur Arbeit daran erinnert werden, dass sie ihrer Liebsten versprochen haben, Urlaubskataloge aus der Stadt mitzubringen. Mit Erfolg: Die Auflage der von den Reisebüros ausgegebenen ITS-Kataloge wuchs beträchtlich. Und wir erlebten, wie in Folge die Zahl der ITS-Kunden um 45 Prozent stieg, obwohl am Angebot sonst nichts verändert wurde.

Das sind gewiss Highlights im Leben eines Mediaplaners. Augenblicke, die beweisen, wie stark man Märkte bewegen kann, wenn man die Zielgruppe so erwischt, dass sie gern mitspielt. Weil sie sich schlichtweg angesprochen fühlt, die Werbung für sie »relevant ist«, wie der Werber sagt.

So etwas lernt man nicht auf der Uni. Auch nicht in der Mediaplanerausbildung, auf Schulungen oder bei Workshops. Das kann man sich nicht wirklich antrainieren. Man kann es nur erleben. Wenn man seinen Mitarbeitern die Zeit und die Freiheit einräumt, ihren Gedanken freien Lauf zu lassen. Solche Ergebnisse entstehen auch nur selten im stillen Kämmerlein, sondern dann, wenn Menschen gemeinsam über Zielgruppen, Strategien und Lösungen nachdenken. Am besten Mediaprofis, Kreative und Marketingverantwortliche gemeinsam. Wenn es dann noch egal ist, wer die Idee hatte, und keiner mehr so richtig weiß, wie sie genau entstanden ist – dann ist die Wahrscheinlichkeit groß, dass der einzigartige Kampagnen-Wurf gelingt.

Man muss nur die Eitelkeiten und Machtkämpfe draußen

vor der Tür lassen, dann entstehen echte Consumer Insights. Und erfolgreiche Kampagnen. So habe ich es erlebt. Da aber gerade das in der eitlen Werbebranche nur sehr selten gelingt – und die Menschen in den Agenturen vor lauter Sparwahn, Renditetreiben und Effizienzgetöse immer weniger Zeit haben –, gibt es so wenige wirklich herausragend erfolgreiche Werbekampagnen. Eine schöne Herausforderung, oder?

Ausgekocht:

Sich in die Welt der Endverbraucher hineinzuversetzen, erfordert Einfühlungsvermögen. Das kommt nicht auf Kommando. Und wenn ein anderer die große Idee hatte, gehen Sie trotzdem mit. Sie werden vielleicht Teil eines historischen Erfolgs.

28

How to make your first million

Gründet man eine Firma, um sie wieder zu verkaufen? Wohl kaum. Es sei denn, man ist Finanzinvestor oder Venture Capitalist. Nein, man gründet sie, um sie zu erhalten. Um mit ihr erfolgreich zu sein. Um sie wachsen und gedeihen zu sehen.

So dachte zumindest ich darüber. Bis eines Tages der erste potentielle Käufer anrief. Ich fühlte mich geschmeichelt und ließ das Gespräch einfach zu. Es war ein ausgesprochen netter Herr von MediaVest in London. Er kam zweimal nach Düsseldorf. Schnell wurde klar, sie würden einen guten Preis zahlen, suchten aber eigentlich jemanden, der ihnen das Chaos in der eigenen deutschen Dependance aufräumte. Danach war mir aber überhaupt nicht zumute, also sagte ich höflich ab. Ich war ehrlich gesagt froh, eine Ausrede zu haben, um das Gespräch bloß nicht in die entscheidende Phase geraten zu lassen. Denn ich wollte ja überhaupt nicht verkaufen.

Schon nach wenigen Wochen kam der nächste Anruf. Die großen, internationalen Networks suchten offenbar fieberhaft in ganz Europa nach den letzten unabhängigen Agenturen, mit deren Übernahme sie ihren nächsten Umsatzsprung realisieren konnten. In den Monaten, die folgten, häuften sich die Anfragen dermaßen, dass mir schwindlig wurde. Am Ende hatte ich Gespräche mit neun Agenturen geführt. Einzig Ogilvy und Grey (die heute beide zur WPP-Holding des Sir Martin Sorrell gehören) hatten kein Interesse an meiner tkm gezeigt. Was mich heute noch wurmt.

Natürlich begann ich mir ernsthaft Gedanken darüber zu machen, ob ich diese Gespräche denn wirklich weiterführen sollte. Wollte ich meine Agentur nun verkaufen oder nicht? Gewohnt, derartige Entscheidungen selbst zu treffen und mich nicht von fremden Leuten führen zu lassen, begab ich mich – in den Urlaub. Am Flughafen fiel mir ein Büchlein mit dem treffenden Titel *How To Make Your First Million* in die Hände. Welch ein Zufall – das sollte die richtige Urlaubslektüre sein! Und so las ich auf einer erlebnisreichen Reise durch Kalifornien und Nevada die Geschichte der Hongkong-Chinesin Lillian Too, die zahlreiche Unternehmen saniert hatte. Und von ihrem erstaunlichen Erfolgsrezept. Sie stellte dem geneigten Leser die Frage, ob man heute noch Unternehmen gründe, um sie an seine Kinder zu vererben. Natürlich nicht. Es komme zwangsläufig der Tag, an dem man seine Firma verkaufe. Und einzig wichtig dabei sei, so schrieb sie, an den Richtigen zu verkaufen. Deshalb sei es besser, selbst einen Käufer zu suchen, bevor man sich blenden und das Heft von potentiellen Käufern aus der Hand nehmen ließe.

Aha, dachte ich, den ersten Fehler habe ich also schon begangen. Na, wunderbar. Nachdem ich aus meinem Urlaub zurückgekehrt war, begann ich, die Networks, die mich angesprochen hatten, nach dem »Richtigen« zu durchforsten. Was waren eigentlich deren Motive? Einen richtigen Plan hatte keiner meiner Gesprächspartner vorweisen können. Die einen suchten nach einer prominenten Führungspersönlichkeit für ihre Dependance und waren bereit, dafür meine Agentur zu kaufen. Andere wollten einfach nur meine Umsätze zu ihren hinzufügen und hatten sonst kein besonderes Interesse an meiner tkm. Wieder andere hatten irgendwelche organisatorischen Probleme, die ich für sie lösen sollte. Aber – das war wirklich überraschend – eine ernsthafte Strategie hatte keiner von ihnen. Unvergessen blieb mir auch der Herr aus Miami, der als Merger&Aquisitions-Chef eine internationale

Agenturgruppe vertrat. Und nicht zum vereinbarten Termin erschien. Auf meine Nachfrage hieß es, der Mann stünde nicht mehr in Diensten der Agentur. Je intensiver ich in Berührung mit den Chefetagen der weltweiten Agentur-Holding-Riesen kam, desto mehr schwand mein Respekt – angesichts des versammelten Dilettantismus.

Dann aber schlug 2001 Starcom auf, ironischerweise praktisch die Nachfolger des netten Herrn von der unseligen MediaVest, denn die beiden Agenturen waren zusammengeführt worden. Sie überraschten mich mit einem echten Konzept. Sie suchten in jedem europäischen Land nach der erfolgreichsten unabhängigen Agentur, fusionierten sie mit ihrer Starcom und setzten den oder die ehemaligen Inhaber an die Spitze des neuen Unternehmens. Starcom habe das bereits in Skandinavien und Spanien erfolgreich praktiziert, ließ man mich wissen, ich solle doch mit den dortigen CEOs reden und mir von ihnen berichten lassen. Außerdem würde man das Gespräch ohnehin erst fortsetzen, nachdem ich mich mit Jack Klues traf, dem Worldwide CEO von Starcom, der in Chicago saß.

Ich war beeindruckt. Die hatten einen richtigen Plan. Einen Plan, der meine Agentur und ihre Leistung auf dem deutschen Markt ernst nahm. Also flog ich nach Stockholm und anschließend nach Chicago. Ich war ernsthaft beeindruckt und überzeugt, dass ich diesmal auf die Richtigen gestoßen war. Der Rest ist Geschichte und ging abenteuerlich schnell. Innerhalb eines halben Jahres wurde 2002 aus meiner tkm »tkmStarcom« und ich CEO der siebtgrößten Mediaagentur des Landes.

Und? War die Entscheidung richtig? Ja. Und der Zeitpunkt? Goldrichtig. Denn inzwischen hatte eingesetzt, was wir später die große Werberezession nannten. Den Einbruch, der folgte, hätte meine geliebte tkm nur schwer beschädigt überlebt. Die doppelt so große tkmStarcom erholte sich schnell davon.

Wieder einmal hatte ich unverschämtes Glück gehabt. Den Zeitpunkt für den Verkauf hätte ich wahrlich besser nicht wählen können.

Die Starcom erwies sich als echte experience. Keine andere Network-Agentur wurde so geführt wie sie, damals unter dem Dach der B-Com3-Holding. Sie besaß nämlich eine unverwechselbare Kultur. Sie hatte Stil. Einmal jährlich hatte man sein Ergebnis und den Ausblick aufs nächste Jahr zu präsentieren. Mal im Disney Park in Orlando, mal im schnörkellosen Büro im angesagten Londoner Stadtteil Soho. Man zeigte, was im abgelaufenen Jahr geschehen war, und gab seine Prognose fürs nächste ab. Anschließend gab es Schulterklopfen. »Done a terrific job, Thomas! Thanks. And keep up the good work.« Gott, war das motivierend. In dieser Arbeitsatmosphäre war es eine Freude, seine eigenen Prognosen zu übertreffen. Was denn auch regelmäßig gelang.

Doch wenig später wurde die B-Com3-Holding – und mit ihr auch unsere Starcom – von Publicis übernommen. Die Atmosphäre wechselte von »amerikanisch« zu »französisch«. Franzosen klopfen Deutschen nicht auf die Schulter. Aber lassen wir die Details. Die Franzosen haben es jedenfalls geschafft, meine Antriebskraft binnen eines Jahres auf null herunterzufahren. Das hatte vor ihnen in meinem ganzen Leben noch keiner zustande gebracht. Ich schmiss die Brocken hin.

Ausgekocht: Es reicht völlig aus, wenn die großen Tiere im Business weder einen Plan haben noch eine Strategie. Umso leichter machen sie es den Start-ups und dem Mittelstand, sich in Position zu bringen.

29

Immer noch nervös

Talkshows zerren am Nervenkostüm.
Aber sie machen sichtbar Spaß.

Ich bin immer wieder gefragt worden, wie es denn sei, wenn man in seinem Leben so viele Präsentationen und Vorträge gehalten hat. Ob man davor immer noch nervös sei?

Ja, ist man. Ich verstehe die erfahrensten Schauspieler, die sagen, sie seien vor jedem Theaterauftritt so nervös, dass sie kaum ein Wort herausbrächten. Sie bekämpfen das meist mit Alkohol. Ich gebe mich dem Genuss des Rotweins jedoch bekanntlich erst spätabends hin, nachdem es dunkel geworden ist.

Wie viele Präsentationen werde ich wohl gehalten haben? 2000, vermute ich. Dazu kommen um die 400 öffentliche Auftritte, Vorträge, Keynotes, Dinner Speeches, Podiumsdiskussionen und Laudationes. Vor 20 bis 1000 Leuten. Das macht fit. Und trotzdem war ich jedes Mal nervös.

Seine erste Präsentation vergisst man nie. Ich war Junior-Planer bei Gramm & Grey. Tom Block, der Inhaber von Block Drug (Hersteller der Corega Tabs), kam aus den USA zu Besuch und wünschte das Team zu sehen. Ich sollte den Mediaplan kurz vorstellen. Aus irgendeinem Grund, den ich nie verstanden habe, machte man uns bei Grey förmlich Angst vor Kundenterminen. Der Kunde als großer böser Wolf, der uns augenblicklich zerfetzen würde, wenn etwas nicht nach seinen Vorstellungen lief. Also übte ich am Vorabend jeden Satz vorm Spiegel, auf dass ich mich ja nicht verhaspelte. Am nächsten Morgen trafen wir uns alle vor dem Konfi und warteten. Da kam Tom Block um die Ecke, ein junger, schlaksiger Typ. Er betrat vor uns den Raum, setze sich, legte seine langen Beine auf den Konfi-Tisch und sagte: »Hi, guys!« So locker hatte ich mir meinen ersten Kundentermin nicht vorgestellt. Er konnte zwar nicht wissen, dass dies meine erste Präsentation war, mit seiner legeren Art half er mir aber sehr, meine übergroße Nervosität abzulegen.

Später, als ich langsam in den Fokus der Öffentlichkeit rückte, gewöhnte ich mich auch daran, regelmäßig Interviews zu geben. Nur wenn das Fernsehen sich ankündigte, war die Agentur jedes Mal aus dem Häuschen, und auch ich bekam es ein wenig mit Lampenfieber zu tun. Schließlich gibt es einen gewaltigen Unterschied zu Interviews für Printmedien: Dort bekommt man das Gesagte in der Regel noch einmal zum Redigieren, kann ihm also den letzten Schliff verpassen oder unbedacht Geäußertes korrigieren. Nicht so beim Fernsehen. Da rückt ein Team von drei Leuten an, baut erst einmal eine Stunde lang Kamera und Licht auf und führt dann das Interview. Gern eine gute halbe Stunde lang, in der man unendlich viel sagen kann – und sich vor der Kamera nicht immer perfekt ausdrückt. Dann zieht die Crew von dannen, schneidet das Ganze im Studio auf eine knappe Minute zusammen, und man darf sich überraschen lassen, welches Statement sie ausgewählt haben, in welchen Zusammenhang die Redaktion es stellt – und wie man überhaupt im Fernsehen wirkt.

Nachdem mir mehrere Fernsehjournalisten bestätigt hatten, dass ich inzwischen einigermaßen fernsehtauglich sei, weil mit mir nicht jeder Take dreimal wiederholt werden musste, wurde ich gelassener. Mit Livesendungen hatte ich zunächst allerdings keine Erfahrung. Dann kam der Anruf vom WDR. Bettina Böttinger moderierte dort Mitte der 90er Jahre das Medienmagazin Parlazzo, und die Redaktion fragte an, ob ich für ihre Talkshow zur Verfügung stünde. Natürlich sagte ich zu. Das fehlte doch noch in meinem Lebenslauf.

Eine Woche später saß ich abends beim WDR in der Maske. Und wusste über das Thema des Interviews nur, dass es um die TV-Zuschauerdaten ging. Als die Tür aufging und eine Produktionsassistentin ankündigte, dass ich in wenigen Minuten dran sei, nahm ich meinen ganzen Mut zusammen. Es begann harmlos. Wie denn die Zuschauerdaten erhoben würden, was wir mit ihnen anstellten, wie man sie auswerte, wollte die Moderatorin von mir wissen. Alles Fragen, die ich locker beantworten konnte. Dann kam Frau Böttinger zur Sache. Sie interessierte besonders, wie wir denn anhand der erhobenen Daten in der Lage seien, die Zuschauerzahlen künftiger Sendungen hochzurechnen – und sogar zu prognostizieren, »wer« vor den Fernsehgeräten sitzen würde. Ich antwortete, dass Fernsehen eine sehr ritualisierte Freizeitbeschäftigung sei und die meisten Menschen die immer gleichen Lieblingssendungen schauten. Wenn dem so sei, entgegnete sie, dann sei ich doch bestimmt mit einem Experiment einverstanden. Man würde jetzt wahllos einen Zuschauer auf der Studiotribüne herausgreifen – und ich möge sagen, was sich dieser Mensch im Fernsehen ansieht.

Mir rutschte das Herz in die Hose. Ich meine mich zu erinnern, dass es Ingolf Lück war, der assistierte und durch die Zuschauerreihen wanderte. Er bat einen jungen Mann aufzustehen und uns zu sagen, wer er sei und was er mache. Er stellte sich als 26-jähriger Student aus Köln vor. Nun war ich an der Reihe. Frau Böttinger fragte mich nach den Fernsehgewohnheiten des unbekannten jungen Mannes. Ich fixierte den Studenten und legte los: »Sie sehen regelmäßig Nachrichten, viel Sport und lieben Science Fiction. Vor allem Serien wie Stargate. Das sehen Sie jede Woche.« Der junge Mann wurde immer blasser, dann platzte es aus ihm heraus: »Das stimmt alles. Woher wissen Sie das? Sie können doch nicht wissen, was ich im Fernsehen gucke!« – »Doch«, antwortete ich ruhig, »Sie gucken genau das, was die meisten Männer in Ihrem Alter gucken ...« Unter großem Beifall und verdutztem Dank von Frau Böttinger verließ ich die Bühne und kehrte erleichtert in die Maske zurück.

Natürlich bin ich heute routiniert. Das merkt man mir an. Die Nervosität habe ich wohl gelernt zu verstecken. Aber sie ist immer noch da. Jedes Mal. Ich habe gelernt, wie man völlig unvorbereitet in ein Kundengespräch geht, weil einem einfach die Zeit zur Vorbereitung fehlt. »Wo fahren wir heute hin?« »Welcher Kunde kommt gleich?« »Was präsentieren wir?« Egal. Man ist dermaßen routiniert, so erfahren, dass man glaubt, mit jeder Situation fertig zu werden. Mit jeder?

Antrittsbesuch bei Philip Morris. Die Fusion von tkm und Starcom war über die Bühne, und es war an der Zeit, sich den Kunden der Starcom als neuer Agenturchef vorzustellen. Auf die Verantwortlichen bei Marlboro hatte ich mich besonders gefreut. Das war einer dieser Traumkunden, für die jeder gern mal arbeiten würde. Eine Markenikone vom Schlage Coca-Cola, Apple oder Levi's. Der große Konfi in der Fallstraße in

München war proppenvoll. Man ließ mich in Ruhe präsentieren: was wir vorhätten, an welchen Stellen wir Verbesserungen einführen wollten. Ich war mir meiner Sache sicher. Als ich geendet hatte, stand einer der Marlboro-Menschen auf und feuerte los:»Sie sind jetzt innerhalb von nur eineinhalb Jahren der Dritte, der hier steht und uns verspricht, dass alles besser wird. Wir sind es langsam leid. Wir glauben es einfach nicht mehr!«

Mich durchfuhr es kalt. Geistesgegenwärtig zog ich meine Visitenkarte aus der Tasche und überreichte sie ihm mit den Worten:»Ich bin nicht angetreten, um wieder zu verschwinden. Hier ist meine Durchwahl. Unter der erreichen Sie mich auch noch in drei Jahren, wenn Sie ein Anliegen haben.« Die Atmosphäre im Konfi, die förmlich knisterte, beruhigte sich schlagartig. Drei Jahre später kam der gute Mann beim Münchener Oktoberfest, zu dem Marlboro uns eingeladen hatte, auf dieses Erlebnis zurück und sagte mir, wie sehr ihn meine Reaktion damals beeindruckt habe und dass er von meiner Aufrichtigkeit überzeugt gewesen sei. Und ich hatte mein Versprechen gehalten. Nur so war es etwas wert.

Nervös? Immer. Vor jedem Kundentermin. Jeder Präsentation. Jedem Vortrag. Was ich zur Beruhigung mache? Eine Zigarette rauchen. Ganz allein, in einer abgeschiedenen Ecke. Die Nervosität hat natürlich ihren Sinn, sonst würde einen die Routine zu selbstsicher machen. Das könnte einen auf gefährliches Glatteis führen. Es ist wichtig, dass die Zuhörer merken: Es ist einem nicht gleichgültig, was man ihnen erzählt. Dass man meint, was man sagt. Und auf ihre Zustimmung hofft. Und ja, auf Beifall.

Am nervösesten war ich übrigens immer, wenn ich meinen Mitarbeitern etwas Bedeutsames zu sagen hatte. Das waren die Menschen, die mir am wichtigsten waren. Ohne ihre Zustimmung würde ich allein stehen. Ohne ihr Engagement war die Agentur wertlos. Ein guter Grund, nervös zu sein.

Ausgekocht: Wenn Sie vor jedem Auftritt nervös sind: gut. Wenn Sie es nicht sind, dann tun Sie wenigstens so. Ihren Zuhörern zuliebe. Die wollen keine geleckte Salzsäule sehen, sondern einen Menschen aus Fleisch und Blut.

30
Wo findet man die besten Mitarbeiter?

Es gab schon immer internationale Network-Agenturen und eine kleine Schar unabhängiger Agenturen. Bei den Werbeagenturen ist zumindest die Menge der unabhängigen Agenturen in der Überzahl. Bei den Mediaagenturen ist es umgekehrt: Internationale Holdings und Networks wie WPP/GroupM, Publicis/VivaKi, Omnicom/OMD oder Dentsu Aegis/Carat beherrschen den Markt. Um gegen sie zu bestehen, bedarf es einiges an Mut, Kraft und Eigenständigkeit. Wir sprechen von Einzigartigkeit, von Uniqueness.

Aber was genau ist der Unterschied zwischen den zwei Systemen der Mediawelt? Die Menschen, die auf beiden Seiten arbeiten, sind doch wohl ähnlich gut ausgebildet und motiviert, oder nicht? Es gibt tatsächlich eine gewaltige Diskrepanz. Ich habe beide Kulturen mehrfach erlebt. Zunächst als Geschäftsführer der GGK Media, dann als Media-Direktor von Ted Bates Worldwide, anschließend als Gründer der tkm, später wieder als CEO von tkmStarcom und Mitglied im Publicis Network. Und zuletzt in der Geschäftsleitung der unabhängigen Crossmedia.

Mitarbeiter in inhabergeführten Unternehmen sind ihren Network-Kollegen tatsächlich überlegen. Sie werden stärker gefördert, da der Unternehmer aus jedem individuell das Beste herausholen will. Denn er hat die Macht, Individualität zuzulassen. In Konzernen liegt das in den Händen einer Human-Relations-Abteilung. Die produziert viel Papier. Aber ich habe noch nie erlebt, dass die sich dort wirklich mit den einzelnen Menschen beschäftigen. Für sie ist es nur ein Job. Doch People Business ist eine Berufung.

Als ich Inhaber der thomaskochmedia war, haben die Mitarbeiter mir und unseren Kunden die Wünsche von den Lippen abgelesen. Sie waren motiviert bis unter die Haarspitzen. Sie haben an unsere Arbeit geglaubt und waren immer ein anerkannter Teil unseres Erfolgs. Jahre später, ich hatte die tkm mit Starcom fusioniert, veränderte sich die Motivation schlagartig. Die Mitarbeiter wollten den vermeintlich leeren Fueling-Brand-Power-Schlagworten der Starcom nicht folgen. Obwohl damit richtigerweise gemeint war, dass Media ein Antrieb zur Kräftigung von Marken sei, konnte ich machen, was ich wollte, sie ließen sich kaum überzeugen. Sie hatten schlichtweg Angst, ihre Agentur-Heimat zu verlieren. Aber es waren dieselben Menschen, ich derselbe Chef, nur das Schild an der Tür war ausgewechselt worden. Mit dem Türschild waren jedoch auch viele Mitarbeiter wie ausgewechselt.

Mitarbeiter in Network-Agenturen arbeiten für ihr Gehalt und für ihren Titel. Sie denken an Beförderungen und ihre berufliche Zukunft. Schlimmstenfalls an ihre Work-Life-Balance. Weit weniger sind es Ideale und Visionen, die sie antreiben. Zumeist, weil ihre Chefs schon keine haben.

Interessanterweise gibt es solche Unterschiede auch auf der Kundenseite. Viele deutsche wie auch internationale Unternehmen wählen ihre Agentur nicht selbst. Die Entscheidung wird ihnen von ihrem Headquarter abgenommen, ob es nun in den USA, in England, in Frankreich oder Japan sitzt. Diese Kunden sind gezwungen, auf Gedeih und Verderb mit den ihnen zugewiesenen Network-Agenturen zusammenzuarbeiten. Wie groß die Motivation auf Seiten eines solchen Kunden sein wird, kann sich jeder vorstellen.

Beschließt ein Kunde jedoch, sich an eine unabhängige

Agentur zu wenden, hat er sich dabei etwas gedacht. Er hat selbst entschieden, den für ihn und seine Aufgabe besten Dienstleister zu beauftragen. So seltsam es im ersten Moment klingen mag, jeder Kunde einer unabhängigen Agentur kommt freiwillig. Es sind Unternehmen, die eine Agentur wirklich wollen. In der täglichen Zusammenarbeit macht das Welten aus. Und das wirkt sich auf die Motivation der Mitarbeiter natürlich extrem positiv aus, auf Kunden- wie auf Agenturseite. Womit der Kreis geschlossen wäre: Auf beiden Seiten arbeiten hochmotivierte Mitarbeiter, die alles für den Erfolg geben. Umgekehrt spürt man sofort, wenn Kunde und Agentur nicht zusammenpassen. Mindestens ein Dutzend Gespräche wurde schon im Ansatz des Sich-Kennenlernens von mir oder der anderen Seite früh abgebrochen. Offen gestanden, meistens von mir.

Manche Dinge sind einfach nur in einer unabhängigen Agentur möglich. Etwa, eine Präsentation zuzusagen, die man gar nicht gewinnen will. So geschehen, als einer der größten Discounter des Landes zum Pitch lud. Uns war klar, dass sie alle Mediaagenturen angefragt hatten. Die Chancen, hier zu gewinnen, waren gleich null. Zumal ich nicht die geringste Lust hatte, für die Leute zu arbeiten. Dennoch, fand ich, könnte das für uns eine gute Übung sein. Ich rief meine stets individuell zusammengestellte New-Business-Truppe zusammen, die jede Agentur bei Pitches einsetzt, und erklärte: »Ich will auf keinen Fall, dass wir diesen Etat gewinnen. Aber ich will, dass ihr euer Bestes gebt. Ich will die beste Präsentation erleben, zu der wir fähig sind.« Ich wollte sehen, wozu wir in der Lage waren, wenn man den Druck rausnahm.

Unsere Präsentation wurde grandios. Wir versprachen eine fünfzehnprozentige, ergo milliardenschwere Umsatzsteigerung, die wir belegen und begründen konnten. Ich fand uns klasse. Zum Schluss zeigten wir eine Schweinebauchanzeige, in die wir unsere Honorare eingetragen hatten: So auch eine

»Mediastrategie, ab 99 990 €, solange der Vorrat reicht, Abgabe nur in handelsüblichen Mengen«. Die Kundenmenschen waren versteinert. Sie fanden das überhaupt nicht lustig. Ich ließ sie wissen, dass wir uns lediglich ihre eigenen Mechanismen zum Vorbild genommen hätten.

Die stillosen Ignoranten haben sich nicht einmal die Mühe gemacht, uns abzusagen. Wir haben nie wieder von ihnen gehört. Wir dagegen, wir hatten unseren Spaß. Und haben eine historische Präsentation abgeliefert, auf die wir stolz waren – und die Vorbild wurde für viele tatsächliche Kundengewinne.

In der Atmosphäre von Unabhängigkeit entstehen erfolgreiche Kampagnen. Weil die Mitarbeiter Freude daran haben. Unvergessen, als unsere Media-Direktorin enttäuscht vom Levi's-Briefing in die Agentur zurückkehrte. Man hatte ihr eröffnet, dass für das nächste Jahr leider kein Mediabudget für Deutschland zur Verfügung stehe, weil in den USA jeder Cent gebraucht werde. Die Aussicht auf ein Agenturhonorar war gleich null.

Sie hatte jedoch die neue weltweite Kampagne gesehen, in der Levi's aus »Sunbathing« ein »Moonbathing« machte – und sie hatte eine Idee. Ihre Bitte, diese Idee auszuarbeiten, mochte der Kunde nicht ausschlagen. Sie entwarf kurzerhand eine der ersten User-Generated-Kampagnen in Deutschland und benötigte dafür gerade einmal 30 000 Euro, die der Kunde bereitwillig herausgab. Es wurde sein Schaden nicht. Wir forderten die Levi's-Kunden online auf, uns zu sagen, was sie in der vergangenen Nacht gemacht hatten, und ihre Fotos und Berichte auf die Levi's-Homepage hochzuladen. Der Erfolg war überwältigend: Die Zugriffe auf die Homepage stiegen um 700 Prozent, 33 000 Verbraucher schickten uns ihr Material (nicht alles davon erwies sich als veröffentlichbar!), und sogar der Levi's-Umsatz stieg unerwartet um mehrere Prozent. Die deutschen Levi's-Manager schickten den Case als Best Practice um die ganze Welt – und wir erhielten dafür 2002 den Deutschen Mediapreis für die beste Mediastrategie des Jahres. Ach ja, und für das darauffolgende Jahr wurde wieder ein Mediabudget für Deutschland eingeplant.

Solche Erfolgsstorys sind einmalig. Und schwer zu wiederholen. Sie sind möglich, wenn eine motivierte Mannschaft für einen Kunden arbeitet, der Vertrauen zu seiner Mediaagentur hat. Vertrauen, das nur entsteht, wenn man sich selbst für seinen Dienstleister entscheiden konnte.

Ausgekocht: Für die Qualität der Arbeit ist die Atmosphäre entscheidend. Wenn Sie sich entfalten wollen, gehen Sie dorthin, wo man Ihnen die optimalen Voraussetzungen verspricht.

31
Sich nicht zu ernst nehmen

Clap: Für Neugierige,
Eitle und Schadenfrohe.
Mein Leib- und Magen-Blatt.

Auf meiner Couch im Vogelsanger Weg saß Bulo. Den Künstler, mit bürgerlichem Namen Peter Böhling, kannte ich schon viele Jahre als Autor des Fachmagazins W&V. Er zeichnete auch Cartoons für Zeitschriften wie Media und Impulse. Ein Allroundtalent. Er hatte mich angerufen und um ein Gespräch gebeten. Ich hatte keinen Schimmer, was er wollte, habe aber immer bei solchen Anliegen spontan ja gesagt. Weil ich ein neugieriger Mensch war – und geblieben bin.

Was er mir jedoch eröffnete, klang wie ein Abenteuer. Er schilderte mir seinen Traum: Er wolle zusammen mit Daniel Häuser eine neue Zeitschrift entwickeln. Ein Branchenblatt. Aber eins, das die Werbebranche, vor allem ihre Macher, aufs Korn nimmt: Ein Magazin für Neugierige, Eitle und Schadenfrohe. Es wolle niemanden verletzen, aber dieser Werbebranche mit ihren eitlen Protagonisten einen Spiegel vorhalten. Das Blatt sollte Spaß machen, den Machern wie auch den Lesern. Und es sollte Clap heißen – Clap wie in die Hände klatschen. Sie brauchten für den Start jemanden, der ihnen Rückendeckung gäbe. Rückhalt, wenn es finanziell eng werden sollte. Vor allem aber einen Mitdenker und vielleicht etwas Hilfe bei der Anzeigenakquise. Ich war begeistert. Anzeigen in Zeitschriften hatte ich jahrzehntelang geplant. Aber bei der Geburt eines neues Magazins vom ersten Moment an dabei sein? Sogar Mitbegründer eines Werbeblattes sein? Ja, Bulo und Daniel hatten bei mir die richtige Ader angezapft. Meine Antwort lautete: Ja!

Die erste Ausgabe von Clap erschien im Oktober 2006. Bereits nach dem ersten Jahr war das Magazin Kult. Wir verschickten es anfangs an 1700 Adressen der wichtigsten Menschen bei Medien, in Unternehmen und Agenturen (danke übrigens an den Hamburger Verlag für die freundliche Überlassung der Adressen!). Clap hat in den letzten Jahren immer wieder journalistische und werbliche Highlights geliefert. Durch ein legendäres Interview mit Richard Oetker, der grundsätzlich für Interviews nicht zur Verfügung stand – und um das uns sogar das Manager Magazin beneidete. Oder mit einer Aktion, bei der wir jedes einzelne Clap-Exemplar im Auftrag von Edding mit einer eigenhändigen Zeichnung eines Cannes-Löwen von Simon Flöter versahen.

Aber auch mit einer leeren Anzeigenseite, die wir der MVG, dem Verlag von Cosmopolitan, nach einem Beitrag über ihre Chefredakteurin zu verdanken hatten; sie stornierte daraufhin kurzerhand den Anzeigenauftrag für die nächste Ausgabe. Wir veröffentlichten die leere Anzeigenseite mit den Worten: »Liebe Leser: Diese werbefreie Seite verdanken wir der MVG. Ob die plötzliche Stornierung ihrer Anzeige mit der Satire über Cosmopolitan-Chefin Petra Gessulat in Clap zu tun hat, wissen wir leider nicht ... Die Redaktion.« Ein Affront! Das hatte sich noch kein Magazin getraut. Cosmopolitan war stinksauer – und die Branche lachte sich schlapp.

Über solche Aktionen wurde ich grundsätzlich nicht vorab informiert, obwohl die Kollegen wussten, dass ich niemals in ihre Arbeit eingegriffen hätte. Cosmopolitan ist Clap tatsächlich einige Jahre ferngeblieben, kam aber als Anzeigenkunde schließlich zurück. Natürlich muss sich eine Redaktion unabhängig von ihren Anzeigenkunden und deren Interessen verhalten und bewegen können. Ein (leider) notwendiger Appell, der an die Kollegen unter den Journalisten in Deutschland gerichtet ist.

Als Herausgeber von Clap werde ich ständig von Menschen angesprochen, die das Magazin lieben. Vom Bild-Chefredakteur ebenso wie vom General Manager von Microsoft. Es ist uns gelungen, ein Magazin zu erschaffen, das von der Spitze der Pyramide, von den »Chefsesseln« in Unternehmen, Medien und Agenturen gelesen und geliebt wird. Ein größeres Kompliment kann es für Blattmacher nicht geben. Dass ich selbst auf dem Titel der ersten Ausgabe als eitler Werbe-Teufel abgebildet war – wie Sie es auch auf dem Cover dieses Buchs sehen –, hat dem Erfolg von Clap nicht geschadet. Meine zuweilen bösartige, aber immer launige Clap-Kolumne wurde zu einer liebgewordenen Gewohnheit, aber auch zu einer schreiberischen Herausforderung, an der ich, so hoffe ich, Ausgabe um Ausgabe wachse. Clap hat inzwischen acht Jahre durchlebt und strebt selbstbewusst ins neunte. Das hat uns niemand, wirklich niemand zugetraut. Aber wir. Wir haben an das Konzept geglaubt. Und an uns. Das reicht zum Erfolg.

Ausgekocht: Betreten Sie Neuland. Wenn Sie Ihre Antenne auf Empfang stellen, warten Abenteuer an jeder Straßenecke. Überall auch Risiken. Wer aber Risiken und das Abenteuer scheut, hat nicht wirklich gelebt.

32
Seien Sie ruhig eitel!

Augenblicke der Freude.
Manchmal machen sie einfach
nur sprachlos.

2008 saß ich erneut in der Jury des Deutschen Mediapreises. Die Wahl der Mediapersönlichkeit war traditionell das Thema beim gemeinsamen Dinner am Vorabend der Juryarbeit. Ich erinnere mich gut daran. Das Essen fand in einem jüdischen Restaurant in München statt. Zum Rauchen musste man das Restaurant verlassen, damals noch eher ungewöhnlich war.

Als der Deutsche Mediapreis 1998 zum ersten Mal ausgerufen wurde, waren wir sofort Feuer und Flamme. Bevor die lieben Wettbewerber überhaupt merkten, was geschah, hatten wir schon die ersten Preise eingesammelt. Die Mediaidee des Jahres für Electronic Arts und gleich zweimal die begehrte Trophäe für die Königsdisziplin: die Mediastrategie des Jahres – zunächst für Electronic Arts, später auch für Levi's. Das erzeugte noch mehr Bekanntheit, noch mehr Verlangen nach unserer Arbeit – und tiefes Wohlbefinden. Es ist ein euphorisierendes Gefühl, auf einer Bühne zu stehen und sich beklatschen zu lassen, auch wenn die Leute es einem nicht gönnen. Eine Mischung aus Freude und schadenfrohem Spott.

Deshalb wollte ich dieses Gefühl unbedingt auch in Cannes erleben. Nachdem Media als Disziplin endlich zugelassen wurde, hatten wir ruckzuck schon drei Shortlistplatzierungen, auf die wir unglaublich stolz waren. Schon deshalb, weil wir es als erste deutsche Mediaagentur auf diesen Olymp der Reklame geschafft hatten. Aber der ganz große Erfolg – ein Cannes Lion – stellte sich leider nicht ein. (»Who the fuck is thomaskochmedia?«) Nicht einmal, nachdem wir einen weltweit so bekannten Schriftzug wie Starcom im Namen führten. Ich kann es nicht leugnen – es wurmt mich noch heute. Die internationale Anerkennung blieb mir dennoch nicht verwehrt. 2004, zum 15-jährigen Jubiläum, entschloss sich das europäische Branchenorgan »Media & Marketing Europe«, fünfzehn Persönlichkeiten in eine Galerie aufzunehmen, die die Werbebranche in Europa am meisten bewegt hatten. Da stand ich plötzlich neben den ganz Großen des internationalen Business: Tim Berners-Lee, dem Erfinder des Internets, John Hegarty, Maurice Levy, Rupert Murdoch, Sir Martin Sorrell – und ja, leider auch Silvio Berlusconi. Für die Tatsache, mit Berlusconi in einem Atemzug genannt worden zu sein, ernte ich heute bisweilen ein mitleidiges Lächeln.

Aber dies war alles nur ein kleines Vorspiel zur späteren

Wahl der »Mediapersönlichkeit des Jahres« beim Deutschen Mediapreis 2008. Dieser Juryabend war irgendwie anders. Die Diskussion um die potentiellen Mediapersönlichkeiten schien mir bei diesem Mal sehr kurz. So dachte ich. In Wirklichkeit hatte sie längst stattgefunden, jedoch in meiner Abwesenheit, während ich zum Rauchen draußen war. Am nächsten Tag folgten dann Jurysitzung, Diskussion und (eine ohne mein Wissen fingierte) Entscheidung über die Mediapersönlichkeit, gepaart mit der üblichen Aufforderung zu absolutem Stillschweigen. Dann kam der große Abend der Preisverleihung in München. Als es zu guter Letzt an die Preisverleihung für die Mediapersönlichkeit des Jahres ging, überlegte ich noch, wen wir eigentlich gemeinsam ausgewählt hatten. Vor lauter Stillschweigen war es mir selbst entfallen.

Martin Krapf, damals Geschäftsführer des RTL-Vermarkters IP, begann seine Laudatio. Seine Worte sind mir in einem seltsamen Nebel entschwunden. Ich erinnere noch Rheinländer, Wassermann, begriff es aber erst mit allen anderen im alten Münchener Rathaus, als er sich einen Schnurrbart aufklebte. Wer, ich? Ich hatte keine Ahnung, keinen blassen Schimmer. Ich war schlichtweg überwältigt. Martin forderte mich auf, die Bühne zu betreten. Später hat man mir gesagt, es habe gut getan, mich einmal sprachlos zu erleben. Ich stammelte etwas von Dank an die vielen Menschen, die mich unterstützt und gefördert haben, an meine Mitarbeiter, ohne die die ganzen Erfolge meiner Laufbahn nicht möglich gewesen wären. Ich war sehr gerührt. Innerlich stieg jedoch eine Frage in mir auf: War das jetzt schon der Preis fürs Lebenswerk? Und die nächste Frage lautet zwangsläufig: Bin ich eitel? Sind Sie eitel? Die Frage klingt so, als wäre Eitelkeit etwas Verwerfliches. Und genau so ist sie ja auch meistens gemeint.

Die Antwort ist einfach. Sie lautet: Ja! Natürlich wollen wir Anerkennung für das, was wir machen. Anerkennung ist meines Erachtens einer der stärksten (An-)Triebe des Menschen. Mir sind, ehrlich gesagt, die Menschen unverständlich, die auf diese Frage mit nein antworten – und es auch noch ernst meinen. Vielleicht haben sie nie wirklich in sich hineinge-schaut. Oder es handelt sich um ein tieferliegendes Geheim-nis, über das wir jetzt nicht philosophieren wollen. In der zwischenmenschlichen Beziehung sprechen wir von Liebe, wenn das Baby seine Mutter zum ersten Mal anlächelt. Wenn der Vater uns lobt. Beim ersten Flirt, ersten Kuss, der ersten Liebe. Was unsere Gefühle dabei auf Wolke sieben jagt, ist die Anerkennung, nach der sich jeder Mensch sehnt.

Diese Form von Anerkennung gibt es im Kleinen – in der Familie, in der Partnerschaft, in der Freundschaft, zwischen Vorgesetztem und Arbeitnehmer. Es gibt sie auch im Großen. Dann lobt nicht nur eine Person im intimen Kreis, sondern zum Beispiel die Presse und trägt dieses Lob in die Öffent-lichkeit. Oder es ist eine Bühne, auf der man gefeiert wird. Mitsamt einer Laudatio auf die eigene Person, die es zu eh-ren gilt. Eitel zu sein heißt Anerkennung zu wollen. Warum ist jede Mutter stolz, wenn ihr Kind zum ersten Mal im Lokal-teil der Zeitung erwähnt wird? Weil sie diesen Stolz mit an-deren teilen kann. Deshalb hebt sie die Zeitungsseite noch jahrzehntelang auf. Was ist das für ein Gefühl, sein eigenes Foto auf der Titelseite einer Fachzeitschrift zu sehen? Warum hebt man so etwas auf? Oder wenn Der Spiegel eine ganze Seite über einen schreibt? Wenn der Nachbar sagt: »Ich habe dich gestern im Fernsehen gesehen!« Es ist ein großartiges Gefühl. Ein erhebender Augenblick.

Man arbeitet gewiss nicht allein für Geld und Ehre. Man ar-beitet für eine Sache, für ein Anliegen. Im Idealfall für etwas, das man leidenschaftlich verfolgt. Wenn man dabei erfolg-reich ist und anerkannt wird, dann sollte man wenigstens so eitel sein, sich daran zu erfreuen, denke ich. Es gibt Men-schen, die sich an Erfolgen nicht zu freuen scheinen. Die sind mir ein wenig suspekt. Ebenso wie jene, die wortwörtlich alles täten, um auf die Titelseite der W&V oder Wirtschaftswoche zu kommen. Das ist falscher Ehrgeiz, der nicht wirklich befriedigt. Weil man immer selbst wissen wird, dass man es nur mit einem Machtspiel erreicht hat. Nicht aber, weil unabhängige Journalisten oder Jurys ihre Entscheidung getroffen haben.

Zurück also zu unserer Frage: Ja, ich bin eitel und ich fühle mich ausgesprochen wohl dabei. Ich möchte geehrt werden. Ich möchte gelobt werden. Ich brauche Anerkennung. Ich will diese Bühne, auf der ich gefeiert werde. Ich will einen Pokal, den ich mit nach Hause nehmen kann. Eine Zeitlang, das gebe ich gern zu, habe ich dieses Verlangen sehr wohl hinterfragt. Bis mir klarwurde, dass es ein Lebenselixier ist, das einem immer neue Kräfte gibt. Ein wenig übertrieben fand ich nur die junge Dame, die mich am Buffet einer der zahlreichen Award-Veranstaltungen unserer Branche abfing und mich fragte, ob sie meine Hand schütteln dürfte – und danach verschämt in der Menge verschwand. Aber vergessen habe ich das Erlebnis nie. Ebenso wenig die Blicke der prominenten Kollegen, die diesem, zugegebenermaßen, etwas bizarren Erlebnis beiwohnten.

Ausgekocht: Geben Sie ruhig zu, dass Sie eitel sind. Erfreuen Sie sich an fremdem Lob. Es ist der Nährboden für die nächste große Tat.

33
Wer seinen Beruf liebt, braucht keinen Tag zu arbeiten

In diesen Zeiten wird viel über die Work-Life-Balance gesprochen. Eine ganze Generation neuer Arbeitnehmer beabsichtigt, ihre Arbeit um ihr Leben herum zu gestalten. Nicht umgekehrt, wie das die scheinbar unwissenden Generationen vor ihr noch tat. Wissen Sie, was ich davon halte? Dieser Gedanke entspringt einem in meinen Augen völlig falschen Verständnis von Arbeit: Arbeit ist schlecht, Leben ist schön. Das mag ein wenig »schwarz-weiß« von mir formuliert sein, aber so ist es ja von den Befürwortern auch gemeint. Die Extreme sind falsch. »Wir leben nicht, um zu arbeiten« ist ebenso falsch wie »Wir arbeiten um zu leben«. Richtig daran ist einzig die Feststellung: »Wir leben.«

Im zweiten Schritt stellt sich die Frage, was wir mit unserem Leben anfangen. Müßiggang scheint eine Vergeudung von Talenten und ist wohl für die wenigsten Menschen das begehrenswerteste Ziel. Allerdings besteht das wohl ebenso wenig in einer Arbeit, die nicht die geringste Freude macht, die Menschen gar kaputtmacht. Wer seine Arbeit nicht mit Freude macht und sich nicht jeden Tag aufs Neue an ihr erfreut, hat sich vermutlich die für ihn falsche Arbeit ausgewählt. Das möchte ich zumindest behaupten. Wenn ich jeden Morgen schlecht gelaunt aufstehe, weil ich meine Kollegen oder gleich die ganze Arbeit hasse, muss ich die Arbeitsstelle oder am besten gleich den Job wechseln. Das ist natürlich leichter gesagt als getan, aber in jedem Fall besser, als jeden Morgen zu leiden und seinen Mitmenschen damit auf den Geist zu gehen. Oder davon krank zu werden und andere krank zu machen.

Jeder ist seines eigenen Glückes Schmied. Andere sind nicht schuld an der eigenen Misere. Das ist man ganz allein und kann es folglich auch nur allein ausmerzen. Aber gern mit der Hilfe anderer. Wenn ein Mitarbeiter zu mir käme und mir sagte, dass er seine Arbeit nicht mag, dann würden wir gemeinsam nach einer Lösung suchen. Allerdings, das muss ich zugeben, ist mir das noch nie passiert. Vielleicht ist das der Grund für meine sehr klare Meinung zu diesem Thema. Es ist mit Sicherheit einer der Gründe für den Erfolg meiner Agentur. Doch auch wenn wir unsere Arbeit lieben, müssen wir sie in Einklang mit unserem restlichen Leben bringen. Nennen wir es Lebensmodell, um den Begriff Work-Life-Balance zu vermeiden. Als meine drei Söhne klein waren, habe ich zugesehen, dass ich möglichst oft pünktlich zum Abendessen zu Hause war. Arbeiten konnte ich immer noch, wenn sie im Bett lagen. Meine Wochenenden habe ich mir immer freigehalten – von Freitagabend bis Sonntagabend gehörte ich der Familie. Die übrige Zeit gehörte der Agentur. Mit Ausnahmen: Natürlich haben wir ferngesehen, sind ins Kino gegangen und mit Freunden ausgegangen. Kein Mensch kann oder muss jeden Abend arbeiten. Was einfach klingt, führt dennoch immer wieder zu Diskussionen. Eines Tages wurde ich von meiner Frau vor die unschöne Wahl gestellt: Entweder wir oder deine Agentur. Ich empfand es als unfair, mich entscheiden zu müssen, weil in meinen Augen beides miteinander kombinierbar war. Auch dann, wenn man seine Arbeit leidenschaftlich gern macht, nicht auf Kommando abschalten kann und oft Arbeit mit nach Hause nehmen muss. Da ich mich in den Augen meiner Frau nicht eindeutig genug für die Familie entscheiden mochte, kam es zwangsläufig zur Trennung. Von da an verfolgte ich noch stärker den Grundsatz, für meine Kinder da zu sein. Wenn sie bei mir waren, was erfreulich schnell zur Gewohnheit wurde, war ich voll und ganz und nur für sie da. Es überrascht nicht, dass ich nach dieser Beziehung eine Frau suchte und fand, die ebenso leidenschaftlich arbeitete wie ich. Wir verbrachten vierzehn schöne Jahre miteinander, bis wir schließlich auseinanderdrifteten. Dann endlich traf ich eine Frau, die sich und mich unter einen Hut brachte. Das Schicksal wollte offenbar nicht, dass wir uns früher begegnen.

Meine Hingabe an die Arbeit hat offenbar auf meine drei Söhne abgefärbt. Als mir der Älteste eröffnete, er werde Kommunikationswissenschaft studieren, war ich zunächst nicht sonderlich angetan. Schließlich hatte ich ihnen eingeimpft, ihren eigenen Talenten zu folgen – keinesfalls aber meinen Fußstapfen. Was er denn auch tat, denn heute sitzt er nach einem hervorragenden Studienabschluss in einem Start-up in Berlin und hat große Freude an einer Arbeit, die mit Werbung nicht das Geringste zu tun hat. Der Mittlere tat es ihm gleich und studiert ebenfalls Kommunikationswissenschaft. Auch er wird, davon bin ich überzeugt, seinen eigenen Weg finden. Ebenso wie der Jüngste, der das Geschehen noch aus Schülersicht beobachtet. Hören Sie da ein wenig Vaterstolz heraus? Ja, ich bin stolz auf meine drei Jungs.

Von Sonntagabend bis Freitagabend war ich also mit Haut und Haar für die Agentur da. Ich glaube nicht, dass ich mit weniger Einsatz ebenso viel erreicht hätte. Ich habe meinen Einsatz aber auch nie in Stunden aufgewogen. Wie viel oder wie lange ich arbeitete, spielte für mich niemals eine Rolle. Ich habe es nie als Bürde empfunden und daher auch nicht nach einer Balance gefragt. Ich habe es als Glück empfunden, eine Arbeit zu haben, die so viel Spaß macht und mich täglich mit vielen großartigen Menschen zusammenbringt. Da dies bis zum heutigen Tage unverändert gilt, kann ich mir nicht vorstellen, jemals mit der Arbeit aufzuhören. Warum sollte ich? Man solle, sagt Konfuzius, einen Beruf wählen, den man liebe, dann brauche man keinen Tag mehr zu arbeiten. Und Theodor Fontane fügt dem hinzu: »Mit der Lust zu leben nimmt auch die Lust zu arbeiten zu und der Mut, mehr zu unternehmen.« Damit ist alles gesagt. Meine Arbeit hat mir viel zurückgegeben, wenn man das Geben und Nehmen unbedingt gegeneinander aufwiegen will. Sie gab und gibt mir Glück, Anerkennung, Freude und damit auch immer die Kraft, die ich für sie brauchte. So betrachtet ist die Arbeit ein guter Freund. Für mich war sie der beste Freund, den ich haben konnte.

Ausgekocht: Wer seine Arbeit nicht liebt, sollte nach einer suchen, die ihn erfüllt. Wer seine Arbeit liebt, braucht die Balance nicht von anderen zu fordern. Er lebt im Lot.

34
Jäger, nicht Gejagte

In den ersten Jahren wuchs die tkm relativ langsam. Ich war zufrieden, zumal die Mitgesellschafter ob des fehlenden Gewinns keinerlei Stress machten. Aber ich wollte mehr. Der Ehrgeiz kam, wie bereits in meinen Anfangsjahren als Mediaplaner, erst langsam auf. Mit jedem Kunden, den wir gewannen, wurde ich jedoch gieriger. Gieriger nach Erfolg. Erfolg ist eine Droge, das sollte man als Gründer wissen. Ich stürzte unbeholfen und hilflos in die Abhängigkeit. Außerdem muss man als Agenturchef der geborene Jäger und Sammler sein. Der Kunde als Wild, das es zu erlegen gilt. Und eine Sammlervitrine braucht man, in der man seine Kundensammlung zur Schau stellt. Potentielle Kunden heißen im Englischen »prospects«, was irgendwie an Goldschürfen erinnert. Genau das macht man, wenn man auf Kundensuche geht. Man geht zu dem Fluss, von dem man weiß, dass darin die richtigen Kunden schwimmen, hält sein Sieb hinein – und hofft, dass man, außer Schlamm, ein hübsches Goldnugget herausfischt. Was an diesem Bild natürlich nicht stimmt, ist das des Kunden. Der schwimmt nicht gelangweilt herum und lässt sich einfach schürfen. Er sucht eine Agentur, die seinen Anforderungen entspricht. Eine, die perfekt zu ihm passt. Die aber auch Ideen und Inspiration mitbringt.

Um den Kunden die Auswahl zu erleichtern, ist es ratsam, sich eine Positionierung zuzulegen, die absolut einzigartig ist. Eine, die die Agentur vollkommen von den Wettbewerbern absetzt. Also »Blue Ocean« im wahrsten, pursten Sinne. Nichts einfacher als das – denkt man. Schauen wir uns doch erst einmal die klassischen Werbeagenturen an. Wie unterscheiden sie sich von den 12 000 Wettbewerbern? Das müsste ihnen ja besonders leichtfallen, weil sie die besten Strategen, Konzeptioner und Kreativen in ihren Reihen haben. Und weil sie genau für diese Arbeit, für die Positionierung, Differenzierung und Ausgestaltung der ihnen anvertrauten Marken, fürstlich entlohnt werden. Und? Fehlanzeige. Ich habe bestimmt zweihundert Agentur-»Credentials« in meinem Leben gesehen. Da ist die Rede von Kreativität, Strategie, Erfolgsbeispielen, kurzen Wegen und Ähnlichem. Kaum einer Werbeagentur gelingt es, ihren potentiellen Kunden mitzuteilen, was an ihrer Arbeitsweise so besonders ist. Sie besitzen keine USP, keine Unique Selling Proposition.

Bei den Mediaagenturen ist es natürlich nicht anders, obwohl ihr Haifischbecken nicht gerade überbesetzt ist und sie sich gegen deutlich weniger Wettbewerber durchsetzen müssen. Fast jede Mediaagentur erzählt die gleiche, langweilige Story, von Consumer Insights, von der Medienfragmentierung, der Notwendigkeit einer individuellen Ansprache. Sie garnieren das mit ihren Claims, die von »People First«, über »Fueling Brand Power«, »Reinventing the way brands are built« und »Die ROI-Agentur« bis hin zum absolut nichtssagenden »Einfach besser kommuniziert« reichen – übertroffen nur noch von der Absurdität »Die Manufaktur des Kommenden«. Nette Wortspiele gewiss, aber alles Gemeinplätze, keine echte Differenzierung, die einem Kunden bei der Agenturauswahl helfen könnte.

Ich muss gestehen, dass ich mir bei der Gründung der thomaskochmedia keine dieser Wortfloskeln ausgedacht habe. Wir wollten kreativer an die ansonsten zahlengetriebene Mediaarbeit gehen, weil wir wussten, dass die Verbraucher Kreativität mit einer höheren Aufmerksamkeit belohnen würden. Nach einigen Jahren intensiver PR-Arbeit und vor allem intensiver Arbeit an der Kundenfront, begann sich etwas herauszukristallisieren, das mit »kreative Media ...« und »unabhängig« begann und mit »irgendwie überraschend und anders« aufhörte. Mit der Zeit war ein Phänomen geglückt, das eher danach aussah, dass uns die Kunden positionierten. Sie begannen, Erwartungen und Forderungen an unsere Arbeit zu formulieren. Und nicht umgekehrt. Das ist sicher der Traum eines jeden Positionierungsstrategen. Gelingen kann das natürlich nur, wenn eine Agentur auf dem Markt ein Gesicht und eine Stimme hat, wenn sie gehört wird, sie über den üblichen Sprüchebrei hinaus tatsächlich etwas zu sagen hat – womit wir wieder beim Ursprung angelangt wären. Dann kann man seine Vitrine aufstellen und das Sammeln beginnen. Nach ein paar Jahrzehnten kommen da natürlich einige stattliche Namen zusammen: Knorr, Aral, Henkel, Jägermeister, hohes C, Apollinaris, Volkswagen, SPD, Reemtsma, Deutsche Post, Wasa, Mars, Effem, Colgate, Benckiser, Continental, Sony, Aldi, Dunlop, Vodafone, Debitel, ING DiBa, Opel, Procter & Gamble, Fiat, REWE Touristik, Electronic Arts, Levi's, Philip Morris ... Alles in allem komme ich wohl auf 250 Unternehmen und Marken, für die ich arbeiten durfte. Dass bei dieser Menge keine einzige Branche fehlt, liegt auf der Hand.

Aber was macht man, wenn die Sammlung schon so groß ist? Man sucht nach den weißen Feldern, nach den Lücken. Wenn sich mir VW, Opel, Fiat, Alfa Romeo, Chrysler, Cadillac und Jaguar anvertraut haben, wo blieb dann verflixt noch mal Mercedes? Wenn sich mir Vodafone, Debitel, Quam und Versatel anvertraut haben, wieso ließ dann die Deutsche Telekom auf sich warten? Es gibt immer eine Herausforderung, die noch fehlt. Oder, werbisch: Es gibt immer was zu tun.

Ausgekocht: Man macht es seinen potentiellen Kunden einfacher, wenn man ihnen sagt, wer man ist. Warum man ihnen ein einzigartiges, überlegenes Angebot machen kann. Ist man dazu nicht in der Lage, sollte man noch mal von vorn anfangen. So lange, bis man seine USP entdeckt.

35
Machen, was man am besten kann

Was wäre eigentlich gewesen, wenn ...? Diese Frage stellt sich bestimmt jeder einmal. War es einem in die Wiege gelegt? Gab es schon früh einen geheimnisvollen Plan, also einen, den man selber nicht kannte? Den Plan, ein Unternehmen zu gründen – und wenn ja, wie viele? Und wenn ja, wie viele? Es hätte, glaube ich, ganz leicht auch ganz anders kommen können. Dann säße ich jetzt in irgendeiner Abteilung von Xerox und hätte ein relativ bescheidenes und unspektakuläres Leben geführt. Hätte mich das befriedigt? Ich wäre wahrscheinlich ziemlich unglücklich und würde darüber spekulieren, was ich im Leben alles versäumt habe.

Als ich nach den ersten vier Jahren bei Grey begann, über mein Leben nachzudenken, zweifelte ich daran, ob ich den richtigen Weg eingeschlagen hatte. Dann hatte ich einen seltsamen Traum: Viel zu früh wurde ich in den Himmel gerufen und stand einem alten Mann mit langem, weißem Bart gegenüber. Er fragte mich, was ich in meiner Zeit auf Erden gemacht hätte. Meine Antwort: Ich war bis eben noch Mediaplaner und in der Abteilung der Schnellste im Rangreihen-Zählen. Dafür, erwiderte er, haben wir dich nicht auf die Erde geschickt. Du solltest etwas aus den Talenten machen, die wir dir mitgegeben haben. Unzufrieden schickte er mich einfach wieder zurück. Es ist schon lustig, wie das Unterbewusstsein einem manchmal auf die Sprünge hilft – wenn man hinhört. Dass mein Unterbewusstsein mir als ehemaligem Messdiener dazu einen alten Mann mit Bart schickte, darüber muss ich heute noch schmunzeln. Ich begann also verzweifelt, nach meinen eigenen Talenten und einem neuen Job zu suchen. Einem, der irgendeinen erkennbaren Sinn ergab. Ich bewarb mich bei Amnesty International und diversen anderen Organisationen, die unbestreitbar sinnvollen Aufgaben nachgingen. Aber sie lehnten mich ab – meist mit der Begründung, jemanden aus der Werbebranche wollten sie nicht. Die Branche hatte schon damals nicht den besten Ruf.

So blieb ich also der Werbung erhalten. Ich beschloss, weiterzumachen und darin einen neuen Sinn für mich zu suchen. Als ich bei GGK mehr Verantwortung bekam, wurde dieser Sinn für mich greifbarer. Verantwortung für Mitarbeiter hieß nicht nur, Menschen zu führen, sondern sie zu fördern. Ihnen zu helfen, aus ihrem Berufsleben etwas zu machen. Die Arbeit für Kunden hieß, Aufgaben gemeinsam mit anderen zu lösen und Marketingleiter glücklich zu machen. Das, beschloss ich, waren Aufgaben genug. Das ergab Sinn. Ich wollte der beste Mediaplaner Deutschlands werden. Und natürlich auch der beste Chef. Mit der Zeit lernte ich, dass man als Vorgesetzter nicht immer von den Mitarbeitern geliebt wird. Dass man es nie allen Menschen recht machen kann. Aber damit ließ sich leben. Solange ich mir sicher war, dass ich jedem eine (oder auch eine zweite) Chance gab – und immer gerecht war. Na ja, fast immer.

Als ich den großen Schritt zur Gründung der thomaskochmedia tat, ahnte ich nicht, wie viele Unternehmen ich noch gründen würde. Oder warum. Nummer zwei war NIKO Media Research. Es folgte die Gründung der tkmFrankfurt, dicht gefolgt von tkmHamburg. Ich hatte mir in den Kopf gesetzt, zusammen mit Partnern ganz Deutschland mit tkms zu überziehen. Ein wenig größenwahnsinnig, zugegeben. Die Idee erwies sich schon bald als wenig tragfähig, denn bis auf Michael Deutschmann in Frankfurt fehlte den meisten Aspiranten das Unternehmerblut. Aber besaß ich dieses Talent? Ich bin mir bis heute nicht sicher. Nicht alle meine Unternehmungen waren erfolgreich. Wenig erfolgreich war etwa die Think Kommunikations (TK), eine kleine Werbeagentur, die ich 1998 gemeinsam mit einem ehemaligen Mitarbeiter von Mannesmann Mobilfunk gründete. Sie ging baden, nachdem mein Partner sich mit den Ausstrahlungsrechten für die Olympiade in Peking vergalloppiert hatte.

Doch der Traum, eine erfolgreiche Werbeagentur zu gründen, war damit noch nicht ausgelebt. 2010 fiel der Startschuss für eine Agentur namens »Warum wippt der Fuß?« gemeinsam mit zwei kreativen Mitstreitern. Mit WWDF (den Namen hatte der Musik- und AC/DC-versessene Kompagnon erfunden) luden wir Marketingverantwortliche ein, mit uns ein bis zwei Tage dem Trott ihres Arbeitsalltags zu entfliehen. Wir »schenkten« ihnen die Zeit, die sie nie freimachen, um über den wirklich großen Aufgaben zu brüten. Die Lösungen, die in unseren Workshops entstanden (und über die ich hier Stillschweigen zu bewahren habe), waren faszinierend. Und schon wippt der Fuß. Diesmal war der große Agenturgott gnädiger. Es braucht eben die richtigen Personen und den richtigen Zeitpunkt.

Vom Firmengründen kann man also offensichtlich süchtig werden. »tk-one« hob ich bereits im Jahr 2000 aus der Taufe, um Kunden, die nicht gleich die ganze tkm am Hals haben wollten, eine kleine, aber feine Beratungsfirma anbieten zu können. Es ist die einzige Firma, die ich beim Agenturverkauf nicht mit veräußert habe. Sie existiert noch heute und schreibt freundlicherweise meine Rechnungen.

Apropos Geld. Ob Geld auch süchtig macht? Was bedeutet es, sehr viel Geld zu verdienen? Und was bedeutet es, sehr wenig Geld zu verdienen? Ich kenne beides. Als ich mir nach der Ausbildung in den Kopf gesetzt hatte, in die Werbung zu gehen, verdiente ich bei Gramm & Grey ganze 1100 DM pro Monat. Das war schon damals nicht sonderlich viel, zumal ich davon eine dreiköpfige Familie zu ernähren hatte. Aber es funktionierte irgendwie. Und ich war glücklich. Dennoch war mir auch das Geldverdienen wichtig. Ich sah es als Anerkennung für meine Leistung an. Als ich sechs Jahre später bei GGK Media endlich die 80 000-DM-Schwelle überschritten hatte, gab es nur noch ein Ziel: das Durchbrechen der magischen 100 000-Grenze. Der Job bei Ted Bates in Frankfurt brachte das Geld. Die Entscheidung erwies sich dennoch als falsch. Ich hatte zwar mein Wunschgehalt, fühlte mich aber nicht wohl. Weder in Frankfurt, noch in der Agentur. Also kehrte ich zurück nach Düsseldorf und nahm dort ein Angebot bei Ernst & Partner an. Es folgte dieses halbe Jahr, das ich offensichtlich brauchte, um wieder zu Sinnen zu kommen, mich zu fragen, was ich wirklich wollte: Ging es für mich im Job nur um Titel und Geld? Mit dem Schritt in die Selbständigkeit konnte ich mir monatlich 5000 DM auszahlen, weniger als die Hälfte dessen, was ich zuvor bekommen hatte. Geld war mir in dem Augenblick so egal wie nie zuvor. Mit der Zeit stieg mein Gehalt wieder. Obwohl ich wusste, dass ich für den gleichen Job als angestellter Mediaagenturchef das Doppelte hätte verdienen können, war ich glücklich und hatte meine tägliche Erfüllung.

Mit der Starcom-Fusion wurde ich flugs auf CEO-Gehalt gehoben. So viel Geld hatte ich in meinem Leben noch nicht verdient. Verdient?

Mit der Routine des Für-andere-Leute-Geld-Verdienens und der fragwürdigen Leistung, Shareholdern die Rendite zu steigern, verlor ich schnell die Freude am hohen Gehalt. Wenn man sein Geld auf dem Rücken anderer verdient, auf dem Rücken von Kunden und der eigenen Mitarbeiter, dann stellen sich einem Fragen. Mir kamen Zweifel, ob es wirklich das war, was ich wollte. Zur immensen Überraschung meines

Chefs in Chicago stieg ich aus dem großen Geldgeschäft wieder aus.

Heute bin ich wieder glücklich. Mit einem Einkommen, das ein Bruchteil dessen ausmacht, was ich jahrelang gewohnt war. Kann also Geld motivieren? Nein. Es kann einem höchstens den Blick verstellen. Den Blick für die Frage: Was will ich wirklich? Macht es mich glücklich? Erfüllt es mich? Und, ganz wichtig: Kann ich morgens guten Gewissens in den Spiegel gucken?

Ausgekocht:

Man muss im Leben keine Firma gegründet haben. Wenn es das Schicksal jedoch will, dann sollte man den Mut dazu aufbringen, denn man wächst mit seinen Aufgaben. Und verdienen Sie nie mehr Geld, als Sie verdienen. Dann bleiben Sie glücklich.

36
Pflicht und Kür

Ich bin erst spät über das Pareto-Prinzip gestolpert. Vilfredo Pareto, ein italienischer Ökonom, hatte zu Beginn des 20. Jahrhunderts festgestellt, dass mit steter Regelmäßigkeit 20 Prozent der Ursache 80 Prozent der Wirkung haben. Übersetzt: 20 Prozent der Kinder in einer Schulklasse schreiben 80 Prozent der guten Noten. Aber auch: 20 Prozent der Kunden machen 80 Prozent des Gewinns. Der Gedanke faszinierte mich. Natürlich überprüfte ich die Regel am Agenturergebnis. Tatsächlich: Mit 17 Prozent unserer Kunden erwirtschafteten wir 81 Prozent unseres Gewinns. Mir schwante, dass diejenigen, die versuchten, unwirtschaftliche Kunden zu entfernen, irgendwann in ein regelrechtes Rechenproblem hineingeraten mussten. Weil es der Pareto-Regel widerspräche. Der Gedanke, dass womöglich auch nur 20 Prozent der eigenen Mitarbeiter 80 Prozent der erfolgreichen Arbeit leisten, erschreckt jedoch. Sollte das heißen, die übrigen 80 Prozent der Mitarbeiter sind wertlos? Was mich noch mehr faszinierte, war der Gedanke, dass auch nur 20 Prozent der eingesetzten Medien, Werbeträger und damit erzeugten Werbekontakte 80 Prozent der Wirkung erzielen – wenn man davon ausgeht, dass sich die Pareto-Regel durch alle Wirtschaftsbereiche zieht. Könnte man also die 20 Prozent isolieren und die Wirkung ohne die übrigen 80 Prozent halten, hätte man das Ei des Kolumbus entdeckt. Man könnte dem Werbekunden aufzeigen, welche 80 Prozent seines Etats und seines Mediaeinsatzes unwirksam sind – und sie einsparen oder, besser noch, anderweitig investieren.

Ganz so einfach ist es jedoch nicht, denn bei Pareto lassen sich die unproduktiven 80 von den produktiven 20 Prozent nicht trennen. Die 80 Prozent der weniger produktiven Mitarbeiter sind erforderlich, damit die Rechnung aufgeht. Das weiß jeder Vorgesetzte, der sich bemüht, unwirtschaftliche oder als störend empfundene Mitarbeiter aus seinem Stab zu entfernen. Wenig später ist das Pareto-Ergebnis wiederhergestellt. Es ist ein Gesetz. Wer versucht, es zu umgehen, macht die Rechnung ohne den Wirt. Es viel mir indes schwer, mich damit abzufinden, dass 80 Prozent der Medien und Kontakte, die wir aufwendig planten und einkauften, praktisch wirkungslos verpufften. Zumal wir kaum die Tools besaßen, um die Wirkung der Medien und ihre Wechselwirkung untereinander zu überprüfen. Hierin liegt jedoch der Schlüssel zur Zukunft der Werbewirkungsforschung, die Zukunft zur Entschlüsselung des berüchtigten ROI, des Return-On-Investment, der von den Kunden so vehement gefordert wird. Solange sie jedoch ihre Mediaagenturen nach Provision vergüten, die nun einmal von der Etathöhe abhängig ist, werden sie dem Geheimnis nie auf die Spur kommen.

Wie reagiert ein Kunde, wenn man ihm sagt, dass sein Werbeetat zu hoch ist? Wir erlebten den Fall einige wenige Male. Wenn wir überzeugt waren, dass ein geringerer Etat ausreichte, die Ziele zu erreichen, haben wir das offen ausgesprochen. Und scheiterten bei fast jedem Versuch. Mal war die Etathöhe für den Kunden selbst ein Heiliger Gral, den er unangetastet lassen wollte. Mal hat man unserer Empfehlung vielleicht nicht getraut, weil wir dadurch unser eigenes Income in Frage stellten. Und man einer Agentur eine so idiotische Handlung nicht zutraute. Im Haifischbecken der Agenturen rechnet kein Kunde mit einer so ehrlichen Handlung. Was also tun? Den Kunden belügen? Ihn betrügen? Nur weil er in ein System eingeschlossen ist, aus dem er nicht entkommen kann? Und weil man damit den Agenturertrag steigern kann? Nein. Die Kunden sind es überdrüssig zu hören, dass sie zu wenig Geld investieren und dass nur ein deutlich höherer Etat die Ziele sichert. Das ist durchschaubar. Und er ist dankbar für jede Etateinsparung, die ihm mehr Freiheit gibt. Er ist glücklich, wenn er sein ganzes Geld ausgeben darf, aber 10 Prozent davon in Experimente investieren kann. Um bei erfolgreichem Ausgang eine Glanznummer bei seinem Vorgesetzten zu präsentieren.

Die Regel, dass 10 Prozent des Etats in Experimente fließen, hat Coca-Cola weltweit eingeführt. Sie gibt den Marketingleuten die Freiheit zu experimentieren, denn über den tatsächlichen Return-On-Investment dieser 10 Prozent müssen sie keine Rechenschaft ablegen. Dafür entwickeln sie aus erfolgreichen Experimenten immer neue Wege zur Ansprache ihrer Konsumenten. Das sind schlaue Leute. Sie sind ihrem Wettbewerb damit immer einen Schritt voraus. So entstand bei Coke die Idee der personalisierten Flaschen (»Share A Coke«) mit jedem gewünschten Vornamen anstelle des Markennamens, die auch in Deutschland für Furore – und für ein deutliches Absatzplus – sorgte. Es begann als Experiment in Australien 2011, führte dort zu einem Umsatzplus von vier Prozent und wurde nach und nach auch in vielen anderen Ländern umgesetzt. Die amerikanischen Unternehmen nennen es »Best Practice«: Man teilt wechselseitig Erfahrungen und setzt die guten mit häufig ähnlichem Erfolg in anderen Ländern um. Die Entschlüsselung des Pareto-Geheimnisses für den Mediaetat, also wie viel der 80 Prozent tatsächlich unverzichtbar sind, überlasse ich ungern der nächsten Generation. Ich stehe mit Rat und Tat zur Seite, wenn jemand Lust an der Aufgabe verspürt.

Ausgekocht: Die Gewissheit, dass man dem Werbe-etat mindestens 10 Prozent entnehmen kann, ohne dem Markenauftritt zu schaden, ist ein Schritt in die richtige Richtung. Und schafft Raum für Experimente.

37

Zahlenfresser und ihre natürlichen Feinde

Medien erschließen sich nicht am Rechner.
Man muss sie inhalieren.

Mediamenschen sind nun einmal von Haus aus Zahlenmenschen. Number crunchers, Zahlenfresser, ist dafür zwar keine nett gemeinte Umschreibung, oft aber leider eine richtige. Es überrascht also nicht, wenn sich Medialeute immer neue Programme einfallen lassen, um dem Zahlenwust Herr zu werden. Das Zeitalter der Media-»Optimierung« mit Hilfe von Computerprogrammen begann früh. Bereits in den 70er Jahren, das wissen heute nur noch die wenigsten, erstellte der Bauer Verlag ein Optimierungsprogramm für die Entwicklung von Zeitschriftenplänen. Der dahinter liegende Algorithmus optimierte, sprich steigerte, die Reichweite der Mediapläne. Hierzu war unweigerlich der Einsatz der auflagenstarken Titel des Bauer Verlags (Quick, Neue Revue, TV Hören und Sehen) erforderlich. Die ach so klugen Agenturen durchblickten das geschickte Spiel nicht. Wohl aber die Kunden, denn sie bekamen stets identische Pläne vorgelegt – egal für welche Zielgruppe, egal von welcher Agentur. Sie bereiteten dem Ganzen ein schnelles Ende.

Weiter ging's im Optimierungsspiel beim Fernsehen. Mit dem Aufkommen der ersten Privatsender in den 80ern – und einer bis dato unvorstellbaren Flut von Zuschauerdaten – entwickelten die Mediaagenturen TV-Optimierungsprogramme, die so lustige Namen wie »Tele-Bingo« bekamen. Der vorhersehbare Fehler: Alle Agenturen arbeiteten mit den gleichen Daten, mit ähnlichen Zuschauerprognosemodellen – und alle mit der neuen, aber gleichen Standardzielgruppe der als werberelevant geltenden 20- bis 49-jährigen Zuschauer. Das Ergebnis: völlig identische TV-Pläne für Marken mit den unterschiedlichsten Zielgruppen. Plötzlich waren Automobilhersteller und Reinigungsmittel in denselben Werbeblöcken vertreten. (Aber psst, nicht weitersagen: Die Kunden haben es bis heute noch nicht gemerkt.)

Das Entstehen der ersten Websites lud in den späten 90er Jahren förmlich dazu ein, den Computer mit der Mediaplanung zu beauftragen. Heute kämpfen Abertausende Websites darum, in die Mediapläne der Werbekunden zu kommen. Wie sollte das ohne Hilfe von Software zu bewerkstelligen sein? Das Novum im Netz war, dass man den User durch das Setzen von Cookies online verfolgen konnte. Das Targeting war geboren. Sie suchen im Web nach einem bestimmten Sportschuh, sagen wir von Puma, und werden fortan tagelang von diesem Schuh verfolgt. Das könnte Erfolg versprechen. Es sei denn, Sie haben die Schuhe längst gekauft und fühlen sich nun von Puma belästigt. Dieses »Stalking« wird hoffentlich nicht das letzte Wort in der Online-Mediaplanung gewesen sein.

Schon wird die nächste Sau durchs Media-Dorf getrieben.

Diesmal heißt sie RTB: Real Time Bidding. Wie bei einer Ebay-Auktion geben Agenturen und Werbekunden Gebote für On-line-Werbeplätze und deren User ab. Automatisiert natürlich. Es ist nur eine Frage der Zeit, bis es, wie beim Hochfrequenzhandel an der Börse, nur noch darum geht, wessen Computer der schnellere ist. Besonders lustig finde ich daran, dass die ersten Kunden schnell merkten, dass sie hierzu nur die Software benötigten, aber keinesfalls mehr auf eine Mediaagentur angewiesen waren. Ob das alles überhaupt noch mit der ursprünglichen Idee zu tun hat, seine Zielgruppe zu kennen, zu verstehen, sich in ihre Welt, ihre Wünsche und Sehnsüchte hineinzuversetzen, können wir getrost in Frage stellen. Aus einem Wettbewerb um Strategien, um die kreativere Idee, eine individuell definierte Zielgruppe – oder gar verschiedenste Zielgruppensegmente – anzusprechen, ist ein Kampf der Maschinen geworden. Es erinnert fatal an die Filme der Terminator-Reihe.

Eigentlich mag ich Zahlen überhaupt nicht. Sie vernebeln die Einsicht. Sie versperren den Weg zu den Menschen, die wir Zielpersonen nennen. Mit Zahlen kommt man weder ihnen noch dem Ziel näher, Menschen für eine Marke zu begeistern. Wohl aber mit Einfühlungsvermögen, mit Einsichten und Erkenntnissen. Nennen wir es meinetwegen Consumer Insights. Ganz selten sind es Zahlen und Daten, die einen auf ein Phänomen aufmerksam machen und so zu Erkenntnissen führen. Eine echte Mediastrategie zu entwickeln ist eine Kunst. Ebenso wie das Entwerfen eines Markenkonzeptes und einer Kreativkampagne. Einer Mediastrategie, die die Bezeichnung »Strategie« wirklich verdient. Diesen Weg kann ich nur empfehlen, denn daraus sind die wahrlich erfolgreichen Mediakampagnen gemacht.

Natürlich brauchen wir Computer und Software, um die inzwischen längst auf Mobilgeräte gewanderte Zielgruppe bei ihrer Bewegung durch den digitalen Medien-Wald zu beobachten. Aber mehr als das brauchen wir Menschen, die diese Datenapokalypse intelligent steuern. Mediaplaner, die individuelle Strategien entwickeln und kreative Ideen finden, um die Leute da draußen zu begeistern. Denn dort leben echte Zielgruppen – Menschen aus Fleisch und Blut, die als menschliche Wesen angesprochen werden wollen. Und nicht als bloße Digital-Cookies, wie wir sie auf unseren Desktops, Smartphones und Tablets hinterlassen, um von Werbern gestalkt zu werden.

Mein Rat an die jungen Mediaentscheider in Unternehmen und Agenturen ist simpel und auf Erfolg geprüft: Mindestens die Hälfte aller Werbeplätze sollten händisch eingeplant werden, von Menschen, die einer Strategie und einer Idee folgen. So viel Mühe muss sein. Die andere Hälfte an austauschbaren Werbeplätzen, die einfach nur billig sein müssen, kann gern der Computer »optimieren«. Dieser Weg hat übrigens den geradezu bahnbrechenden Vorteil, dass sich der eigene Mediaauftritt tatsächlich von dem der Wettbewerber unterscheidet. Die Mühe lohnt, weil es die Zielgruppe merkt. Alle erfolgreichen Kampagnen, die ich mit entwickeln und begleiten durfte, besaßen dieses Merkmal: Sie waren mit einem individuellen Mediaauftritt ausgestattet. Die Leute da draußen haben dafür ein feines Gespür. Sie merken, wenn sie von echten Menschen angesprochen werden. Das kann kein Computer und auch kein Algorithmus.

Ausgekocht: Man muss verstehen, was Tool ist und was Kunst. Computer sind nur Werkzeuge, die bei der Bewältigung der Datenmengen helfen. Die Media-Kunst liegt im Entwerfen von überlegenen Konzepten und Strategien. Und Kreativität schlägt Zahl. Haushoch.

38

Online ist das neue Offline

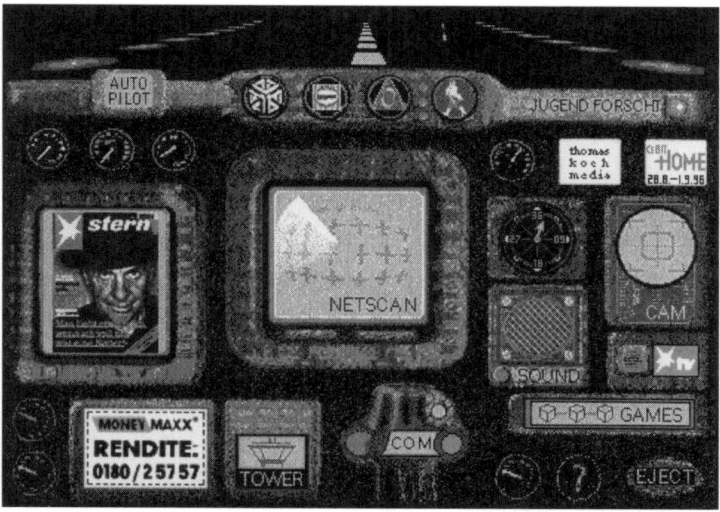

Die erste Homepage des Stern.
Da durfte thomaskochmedia nicht fehlen.

Als wir 1982 bei GGK Media die ersten PCs installierten, war ich mir sicher, dass ich niemals an einem solchen Teufelswerkzeug sitzen würde. Eigentlich hatte ich mir vorgenommen, ohne Computer durchs Leben zu gehen. Das war eher etwas für den Mediaeinkauf, für Abwicklung und Buchhaltung, aber doch nichts für einen kreativen Mediaplaner wie mich. EDV kannte ich. Während meiner Ausbildung 1970 besaß Rank Xerox eines der modernsten Rechenzentren Deutschlands. Und bei Gramm & Grey stand ich 1972 staunend vor

Lochkartenmaschinen, mit denen die Agentur als erste in Deutschland kleinere Zählungen mit dem Datensatz der Media-Analyse durchführen konnte. Mein Ding war das nicht.

1995 konnte ich dem Thema dann doch nicht mehr ausweichen. In Düsseldorf fand die erste Internet-Messe des Landes statt, und ich sollte dort einen Vortrag zum Thema »Neue Medienwelt« halten. Also musste ich mich zwangsläufig mit diesem Internet beschäftigen. Compuserve hatte 30 000 Kunden, und ich kam zu dem damals durchaus waghalsigen Schluss: Wer nicht auf ewig in der Steinzeit versinken wolle, müsse jetzt schnell auf den Zug aufspringen. Mit dieser Aussage gehörte ich plötzlich zur neuen Gemeinde der Internetgurus, die sich überhaupt mit dem fremden Thema auskannten. Nur für mich persönlich sollte das bitte nicht gelten.

Ein Jahr später bekam ich einen Anruf vom Verlag Gruner + Jahr. Der Stern wollte seine erste Homepage einrichten. Und darauf sei versuchsweise Platz für vier Werbebanner. Die seien zwar nicht interaktiv, weil ja noch kaum eine deutsche Firma eine eigene Homepage besaß und ihnen zudem die Technik für eine Verlinkung fehlte. Sie brauchten für den Start ein paar Werbekunden, täten sich jedoch enorm schwer, vier Kunden in Deutschland für dieses Experiment zu begeistern. Da hätten sie in ihrer Verzweiflung an uns, an die tkm gedacht. Der Preis für dieses sogenannte »Banner« war Spielgeld. Es ging um 500 DM für einen ganzen Monat. Ich sagte spontan zu. Es war damals nicht abzusehen, welche Rolle das Internet – auch für die Werbung – bekommen sollte. Es war auch nicht zu ermitteln, wie viele Personen diese Banner sehen würden. Klar war mir jedoch, dass wir damit in Sachen Eigenwerbung würden punkten können. Was ich jedoch erst später erfuhr: Wir waren damit tatsächlich eine der ersten Firmen in Deutschland, die im Internet ein Banner geschaltet hatte. Ein wenig nostalgisch denke ich heute an die erste

Stern-Seite zurück: Sie war wie ein Flugzeug-Cockpit gestaltet, im Stil früher Computerspiele. Und unsere tkm schrieb erneut ein kleines bisschen Werbe-Geschichte. Erst später erfuhr ich, welchen Ärger Gruner + Jahr deswegen mit den großen Agentur-Networks bekommen hatte. Ausgerechnet die tkm auf der ersten Stern-Homepage. Unglaublich. Die Antwort des Stern war simpel: Thomas Koch hat spontan zugesagt. Ihr alle habt zu lange für eure Entscheidung gebraucht. Die tkm war wieder einmal »Die Agentur, die schneller schaltet«.

Zwei Jahre später geschah das Unvermeidliche: Auf meinem Schreibtisch wurde zum ersten Mal ein PC eingerichtet. Die ganze längst vernetzte Agentur strömte zusammen, um gespannt und ungläubig zuzusehen, wie ich zum ersten Mal in meinem Leben einen Computer einschaltete. Ich zögerte zunächst ein wenig, bis ich dieses fremde Gerät dann doch schnell in mein Herz schloss. Wie so oft in meinem Leben war ich ein Spätstarter. Aber wenn ich startete, dann vehement. Mit Leidenschaft und Liebe. Wenn ich mich entschied, etwas zu tun, dann richtig.

Mit der Zeit wurde ich zum leidenschaftlichen Onliner und Blogger. Jeden meiner ersten Blogposts auf Posterous lasen im Schnitt 2500 Menschen. Heute verfasse ich die Online-Kolumnen »Werbesprech« auf wiwo.de, und blogge als »Mr. Media« auf wuv.de und mit einem »Aufreger« auf absatzwirtschaft.de, wo meine Beiträge auch schon mal mehr als 20000 Leser erreichen. Hier genehmige ich mir eine Rolle, die ich mir selbst auf den Leib geschrieben habe. Mit meiner Erfahrung im Rücken und niemandem verpflichtet, treibe ich die Branche vor mir her. In der Wirtschaftswoche beklage ich den unseligen Zustand des Marketings und der Werbung in unserem Lande und zeige jede Schwäche auf, die mir unterkommt. In der W&V »rante« ich gern über meine Mediabranche und die unsäglichen Vorfälle, die sich im Geschäft um die

Media-Milliarden offenbaren. Aber immer auch konstruktiv und fokussiert auf mögliche Lösungen. In dieser Rolle fühle ich mich pudelwohl, und der Zuspruch ermuntert mich, immer weiter in diese Kerbe zu hauen.

In der Welt der Social Media bin ich 2009 angekommen. Facebook nutze ich zwar, jedoch eher privat. Mein Xing-Account nervt, mehr als er nützt. Ebenso zwangsläufig finden Sie mich bei LinkedIn und Google+. Dafür bin ich ein leidenschaftlicher Twitter-Addict. Meine inzwischen weit über 4000 Follower bei Twitter sind so leicht von keinem deutschen Mediamenschen mehr einzuholen. Ich finde es äußerst amüsant, das zu verfolgen. Für meine deutlich jüngeren und ach so online-affinen Kollegen ist es peinlich. Aber es passt in mein Bild der Mediaplaner, die die Medien, die sie propagieren, selbst nicht nutzen – jedoch vehement behaupten, sie zu kennen. Es ist ihr fataler Trugschluss. Man muss keinesfalls immer und bei allem im Leben First Mover und Early Adopter sein. Wenn man sich jedoch für etwas entscheidet, für einen Menschen, für eine Sache, ein Hobby, ein Auto, ein Medium, für eine neue Gewohnheit oder gar für einen Job – dann sollte man es stets leidenschaftlich tun: überzeugt und mit ganzem Herzen. Das macht mehr Spaß. Alles andere kann man getrost bleiben lassen.

Ausgekocht: Fürchten Sie sich nicht vor Themen, von denen Sie nichts verstehen, das ist nur die nächste Herausforderung. Doch machen Sie alles, was Sie anfassen, leidenschaftlich. Leidenschaft beflügelt.

39
Freigeist und Freibeuter

Als die Piratenpartei 2006 in Deutschland gegründet wurde, hatte ich bereits von ihren sensationellen Erfolgen in Skandinavien gelesen. Ich fand ihre Ansätze – Netzfreiheit, Liquid Democracy, das bedingungslose Grundeinkommen und vieles mehr – großartig. Es fühlte sich an wie die Protestära, in der ich groß geworden war, wie der Sternmarsch auf Bonn, Gorleben und das Entstehen der Grünen. Politik verfolgte ich stets sehr intensiv, obwohl ich als Ausländer nie aktiv eingreifen konnte. Ich empfand die Politik als ein dreckiges Geschäft um Macht und Einfluss. Kaum ein Politiker engagierte sich wirklich für seine Wähler oder gar für das Wohl seines Landes. Ich hatte große Lust, dieses revolutionäre Gefühl des Aufbegehrens gegen die bestehenden Verhältnisse noch einmal in mir zu spüren. 2008 wurde ich spontan Mitglied der Piraten und begann mich zu engagieren. Das blieb nicht unbemerkt. Schnell bekam die Presse Wind davon und führte mich als einen der ersten Prominenten vor, die sich der Bewegung angeschlossen hatten.

Dieses PR-Momentum galt es für den Kampf um Stimmen auszunutzen. Ich gab überraschten Journalisten Interviews, die sich nicht so recht erklären konnten, warum sich ein vermeintlich etablierter Manager einer so abstrusen Bewegung anschloss. Ich war mit ganzem Herzen bei der Sache. Ich stellte den Piraten meine Expertise in Sachen Medienarbeit zur Verfügung. Für die bevorstehende Bundestagswahl 2009 entwickelte ich eine Idee, die nach langem Zögern und unendlichen Schwierigkeiten umgesetzt wurde: Mitglieder und Sympathisanten der Piraten konnten sich ein einzelnes Plakat am Standort ihrer Wahl aussuchen, mit einem Wunschmotiv bekleben lassen und via Wahlkampfspende bezahlen. Das war ganz nach dem Geschmack der Piraten. Es hatte etwas Subversives.

Mit zwei Prozent der Stimmen schlossen die Piraten bei ihrer ersten Bundestagswahl verdammt gut ab. Es war deutlich mehr als nur ein Achtungserfolg. Es war der Beweis dafür, dass sie mit ihren wenigen, jedoch zugespitzen Themen eine Zielgruppe ansprachen, die sich mobilisieren ließ. Für mich als Werber und Mediaplaner hieß das: Der Weg war richtig, das Ziel – Einzug in Landesparlamente und letztlich auch in den Bundestag – zum Greifen nah. Von einigen Mitgliedern der damals amtierenden Parteispitze wurde ich immer wieder gefragt, ob ich mich nicht auch um ein aktives Amt in der Partei bewerben wolle. Ich schob geschäftlichen Stress als Ausrede vor. Ich mochte sie nicht mit der Tatsache konfrontieren, dass ich als kanadischer Staatsbürger dafür leider nicht zur Verfügung stand. Weder hätte ich als Ausländer ein Parteiamt annehmen dürfen, noch mich zur Wahl stellen können. Das sollte bis heute mein Geheimnis bleiben.

Inzwischen ist die Parteispitze so oft ausgewechselt, sind politische Positionen allzu häufig so missverständlich kommuniziert worden, dass es mir heute schwerfällt, mich mit den Piraten in jedem Punkt öffentlich zu identifizieren. Ich war zutiefst enttäuscht, dass auch die Piraten ihre persönlichen Befindlichkeiten und Eitelkeiten über die Sache stellten, um die es ging. Von ihnen hatte ich mehr erwartet. Das bekannte Schema hatte ich schon in der Werbebranche zur Genüge erlebt. Wenn die Piraten eines Tages zu ihrem Kern zurückgefunden haben, sich wieder als ernstzunehmende politische Kraft zu erkennen geben, dann mag ich mich vielleicht wieder für sie engagieren. Nicht aktiv an der Spitze, sondern mit all meinen Fertigkeiten wohltuend und einflussreich im Hintergrund. Das hängt natürlich auch davon ab, ob ich mich jemals aus der Werbe- und Mediabranche zurückziehe – und damit hinreichend Zeit für ein so zeitraubendes Thema wie Politik haben werde. Das kann nur die Zukunft zeigen.

Ausgekocht: Sagen Sie niemals nie. Wenn Ihr Herz plötzlich beim Thema Politik zu pochen beginnt, warum nicht? Man weiß nie, was als Nächstes um die Ecke kommt.

40

Nach der Karriere ist vor der Karriere

Ein Seminar im Südsudan. Seitdem mag ich
sterile Konferenzräume nicht mehr.

Es ist fast vier Jahre her. Mein Telefon klingelte. Klaas Glenewinkel stellte sich vor als Gründer und Geschäftsführer einer
NGO, einer Nichtregierungsorganisation, namens MICT in
Berlin. MICT steht für Media In Cooperation and Transition.
Sie bildete seit Jahren, finanziert durch das Auswärtige Amt
und diverse andere Regierungen, Journalisten in Krisenge-
bieten aus. Die Rede war von Ländern wie Irak, Sudan und
Afghanistan. Glenewinkel suchte jemanden, der den Me-
dienmachern in diesen Emerging Markets auch bei ihrem

Marketing und ihrer Positionierung gegenüber dem Werbe-markt auf die Beine half. Die neue Freiheitsbewegung in den Ländern, erzählte er, weite die Aufgaben inzwischen auf die gesamte arabische und nordafrikanische Region aus; heute kennen wir das Phänomen als »Arabischen Frühling«.

Ich war hingerissen. War das die Chance, mein Wissen und meine ganze Erfahrung endlich einmal für einen guten, wirk-lich sinnvollen Zweck einzubringen? Mich holte mein früher Traum um den bärtigen, alten Mann und die Sinnhaftigkeit meiner Arbeit ein. Ich sagte spontan zu.

Die erste gemeinsame Reise führte uns nach Erbil in den nördlichen Irak, nach Kurdistan. Wir besuchten Zeitungshäu-ser, TV- und Radiosender, den ersten Pharmakonzern des Landes, Austrian Airlines, ebenso wie Mercedes und Audi, die beide gerade ihren ersten Showroom in der kurdischen Hauptstadt eröffnet hatten. Unvergessen ist mir Volker, ein älterer Hamburger, der im Auftrag von Mercedes schon die ganze Welt gesehen und nun als Senior Manager in Erbil sei-nen jüngsten Job angetreten hatte. Er berichtete, dass er sich als Erstes eine Geldzählmaschine beschafft habe. Niemand hatte ihm erzählt, dass die Kurden auch einen Mercedes in bar bezahlten und ihm dazu einkaufstütenweise Dollarnoten auf den Schreibtisch legten.

Der kurdische Zeitungsmarkt erwies sich für mich als un-gemein spannend. Einerseits die hochauflagigen, kostenlo-sen Blätter der machthabenden Parteien – andererseits die deutlich geringeren Auflagen der freien Presse, die sich über den Verkaufserlös finanzierten. Deren Herausgeber verzwei-felten daran, dass die Anzeigenaufträge meist aufgrund der höheren Auflage an die Parteiblätter vergeben wurden. Mit-hilfe einer ersten hemdsärmeligen Leseranalyse konnten wir erkennen, dass die freie Presse aufgrund ihrer großen Zahl an Mitlesern mindestens ebenso viele Leser erreichte wie die Parteiblätter. Nun lag es nur noch am Anzeigenmarketing der unabhängigen Zeitungen, glaubhaft zu machen, dass sie die Zukunft des Landes verkörperten und die jungen Meinungsbildner als Leser auf sich vereinten. Noch sah ich in ungläubige Augen. Aber die ersten, neuen Anzeigenaufträge ließen nicht lange auf sich warten.

Eine neuartige Erfahrung für mich war, Journalisten gegenüberzusitzen, die bereit waren, für ihre Arbeit Gesundheit und Leben aufs Spiel zu setzen. Die Leidenschaft in ihren Augen zu sehen. Ihren Kampfeswillen für die Freiheit der Presse gar unterstützen zu können. Ganz ungefährlich war es nicht, denn wir gerieten in Sulaimanyia überraschend zwischen die Fronten einer Militäraktion gegen demonstrierende Studenten. Wir konnten uns rechtzeitig vom Marktplatz, dem Ort des Geschehens, entfernen und fuhren – wie geplant – zu einer Wochenzeitung, deren landesweit bekannter Herausgeber Asos Hardi uns zum Gespräch erwartete. Als nach einer halben Stunde die Schüsse deutlich näher kamen, brach er das Gespräch ab, räumte das Büro und forderte uns auf, uns außerhalb der Innenstadt in Sicherheit zu bringen. Nach Passieren von drei Militärkontrollen, die verhindern sollten, dass Aufständische die Stadt verließen, kehrten wir mit zittrigen Knien, aber heil nach Erbil zurück. Abends hatten wir zum Empfang geladen, auch der deutsche Botschafter war zugegen. Doch nach Party war uns nicht wirklich zumute.

Im Herbst 2011, unmittelbar nach dem Sturz des Gaddafi-Regimes in Libyen, rief Klaas wieder an. Ich werde seine Worte nie vergessen: »Traust du dich nach Tripolis?« Meine Frau, schon wenig begeistert von meiner Irak-Reise, war sich nun endgültig sicher, dass ich den Verstand verloren hatte. Ich sagte zu. Zusammen mit Werner D'Inka, dem Mitherausgeber der FAZ, der uns begleitete, hielten wir in Libyen Seminare bei jungen Zeitungs- und Zeitschriftenhäusern, die erste Gehversuche in der neuen Welt der freien Presse unternahmen. Ein besonderes Erlebnis wurde ein Seminar bei einer neugegründeten Wochenzeitung. Ich fragte den Herausgeber, ob er auf eine tägliche Erscheinungsweise zu wechseln beabsichtige, sobald die Druckkapazitäten im Land stiegen.

Seine Antwort erwischte mich kalt und ließ mich wie einen dummen Jungen aussehen: Nein, sagte er, das wäre töricht, denn dann würde er in Konkurrenz zu den Nachrichten im Internet treten. Lieber bemühe er sich um Hintergrundberichte und Analysen, die man im Internet vergeblich suche. Diese Geschichte erzähle ich heute besonders gern in Vorträgen bei deutschen Tageszeitungen.

Im selben Seminar verwies ich die Journalisten auf die Chancen, die sich aus einer Steigerung der Anzeigenumsätze ergaben. Ich führte aus, dass man mit den zusätzlichen Einnahmen die Gehälter der Journalisten steigern könne. Nach einer kurzen Pause, in der unser Dolmetscher meine Aussage ins Arabische übersetzte, begannen zwei der anwesenden Journalistinnen hinter ihren Kopftüchern zu kichern. Ich war peinlich berührt und fragte, ob ich etwas Unpassendes gesagt hätte. Eine der beiden Damen antwortete: Nein, wir mussten nur lachen, weil wir hier derzeit überhaupt keine Gehälter für unsere Arbeit beziehen.

Was macht man abends in Tripolis? Man geht essen, wie überall auf der Welt, wenn man in einer fremden Stadt zu Besuch ist. Doch nach dem Abendessen war es angesagt, ins Hotel zurückzukehren. Die jungen, siegestrunkenen Soldaten feierten ihren Sieg jeden Abend immer wieder aufs Neue und schossen dabei wild mit ihren Kalaschnikows herum. Und es stand uns definitiv nicht der Sinn nach herumirrenden Querschlägern.

Es folgten Reisen nach Kairo zu einem Online-Radiosender (»Girls Only Radio«), den wir drei Tage lang coachten. Wir lernten Amani Eltunsi kennen, eine inzwischen weltweit bekannte Aktivistin, die wöchentlich Millionen Newsletter in die arabische Welt versendet und aufopferungsvoll für die

Rechte der Frauen kämpft. Wir entwarfen einen Business-plan voller Ideen für ihre künftige Vermarktung, der ihrem Sender das Überleben auf Jahre sichern würde. Werbung kann eben doch helfen, Dinge zu bewegen.

Im Auftrag einer niederländischen Stiftung führten uns un-sere Wege 2013 erneut nach Kairo, nach Tripolis – und nach Tunis. Tunesien, das Land, in dem der Arabische Frühling be-gonnen hatte, erwies sich schon aus diesem Grunde als be-sonders. Es ist ein Land, in dem die bei uns führenden Medi-en TV und Zeitungen kaum genutzt werden, weil sie der frühere Machtapparat um Ben Ali ausschließlich für Propa-gandazwecke missbraucht hatte. Das Internet war deshalb zum dominierenden Massenmedium geworden, und Face-book zur alltäglichen Kommunikationsplattform für wahrlich jeden Tunesier. Mir kam der Gedanke, dass diese Länder in ihrem Mediennutzungsverhalten uns womöglich voraus sind. Dass wir hier möglicherweise in unsere eigene Medien-zukunft blicken. Als ich diesen Gedanken nach meiner Rück-kehr hierzulande veröffentlichte, wurde ich nur müde belä-chelt. Mal sehen, wer zuletzt lacht.

All diese Eindrücke wurden schließlich von einer Reise in den Südsudan in den Schatten gestellt. In einem der ärmsten Länder der Welt veranstaltete MICT im Auftrag des Auswärti-gen Amtes und der UNESCO 2012 ein Forum für »Media Ma-kers« mit über hundert Teilnehmern aus dem Südsudan und den angrenzenden Ländern. Ich hielt an mehreren Tagen drei Seminare zu den Themen »Media Income«, »Media Marke-ting« und »Media Planning«. In einem Land ohne jegliche Infrastruktur, ohne fließendes Wasser und ohne Strom ent-stehen junge Medien. Ihnen dabei unter die noch unbehol-fenen Arme zu greifen ist eine wertvolle Erfahrung, auf die ich nicht mehr verzichten möchte.

Im Februar 2014 hieß das Reise- und Seminarziel dann Ka-bul. Unser Hotel war nach seinem Sicherheitsstandard ausgewählt worden. Hinein führten drei Sicherheitsschleusen und zwei zentimeterdicke Stahltüren. Der Seminarraum hatte kein Tageslicht, weil die Fenster nach draußen durch Stahlplatten abgesichert waren. Drei Tage lang hielten wir dort unsere Seminare ab – für Medienschaffende, die sich durch die Anreise von den Provinzen nach Kabul in Lebensgefahr begeben hatten.

Für mich war dies die erste Reise in ein Gebiet, in dem der Krieg noch tobte. Die erste Nacht schlief ich, ermüdet durch die lange Anreise über Istanbul, wie ein Stein. Danach plagten mich wüste Alpträume. Seinem Bewusstsein kann man einreden, man sei sicher; dem Unterbewusstsein kann man solche Streiche nicht spielen. Wenige Wochen später starben mehrere Ausländer durch einen Anschlag der Taliban auf ein Hotel in unmittelbarer Nähe. Meine Frau würde, das verstehe ich, einer weiteren Reise nach Kabul nicht zustimmen.

Auf diesen Reisen in Krisengebiete, in denen freie Medien ihre ersten Schritte wagen, erlebe ich eine Leidenschaft, wie ich sie nie zuvor kannte. Menschen, die für ihr Recht auf freie Meinungsäußerung ihr eigenes Wohlbefinden aufs Spiel setzen. Ich erlebe Zeitungsmacher, die mitten im Zeitalter der Digitalisierung bewusst auf Wochenzeitungen setzen, weil sie nicht an die Tageszeitung glauben. Aber auch Zeitungsmacher, die ihre Websites wieder einstellen, weil sie an die gedruckte Zeitung glauben. Gebetsmühlenartig wiederholen sie in allen diesen Ländern ihr Credo: »We must change the culture.« Für mich bedeutet jede dieser Reisen eine Horizonterweiterung.

2012 gründeten wir Plural Media Services, eine Mediaagentur, die national und global operierenden Unternehmen ihre Mediaexpertise in den ehemaligen Krisenregionen und heute aufstrebenden Märkten anbietet. Unsere Kenntnis dieser Märkte überragt bei weitem die der Mediaplaner in Dubai, die für ihre internationalen Klienten in der MENA, der Region Middle East North Africa, verantwortlich sind. Sie schauen nur in ihre Computer, finden dort jedoch wenig zuverlässige Daten. Wir sind vor Ort und bieten unabhängige Expertise und Transparenz. Mit Plural wollen wir den arabischen Werbemarkt neu definieren, so dass Werbekunden den Wert der neuen, unabhängigen Medien in diesen Gebieten für ihre Kommunikation verstehen. Das nächste Abenteuer kann beginnen.

Ausgekocht: Nutzen Sie Ihre Fertigkeiten, um die Welt ein wenig lebenswerter zu machen. Mit dem, was man am besten kann, lässt sich immer irgendwo auf der Welt etwas bewegen. Selbst als Mediaplaner.

41
Muss man wirklich Großes hinterlassen?

Angeblich passiert alle sieben Jahre etwas, das unser Leben verändert. Rechnen Sie selbst nach; etwas Wahres scheint tatsächlich dran zu sein. Spätestens alle vierzehn (7 × 2) Jahre sollte man auf jeden Fall etwas Neues wagen. Nach 14 Jahren tkm (1987–2001) bin ich also 2015 wohl wieder dran. Und da ich 42 (7 × 6) Jahre in meiner geliebten Branche verbracht habe, enthält dieses Buch ebenso viele Kapitel. Die 42 ist natürlich auch eine Hommage an Douglas Adams, den Autor von *Per Anhalter durch die Galaxis*. Darin wird dem zweitgrößten Computer, der jemals gebaut wird (»Deep Thought«), die Frage nach »dem Leben, dem Universum und dem ganzen Rest« gestellt. Er braucht siebeneinhalb Millionen Jahre, um die Antwort zu errechnen, und gibt sie schließlich bekannt: 42.

Ich bin oft gefragt worden, wie ich das nur geschafft habe. Mit null starten, ohne einen einzigen Erstkunden – die meisten Agenturgründer nehmen ein paar Kunden ihrer Ex-Agentur mit –, und nach einem Dutzend Jahren als größte unabhängige Mediaagentur des Landes im Rampenlicht zu stehen. Am liebsten wäre mir, ich könnte dafür ein Patentrezept präsentieren, das man mutigen Gründern nur ans Herz legen müsste. Die Wahrheit ist: Ich weiß es nicht genau. Zumindest habe ich dafür ganz viele Erklärungen. Als ich die Entscheidung traf, meine eigene Mediaagentur zu gründen, hatte ich keine Größenziele. Ich wollte weder 500-Millionen-€-Etatgelder betreuen noch 100 Mitarbeiter haben. Auch wollte ich nicht zwangsläufig in die Top 10 der Agenturrankings. Wahrscheinlich funktioniert es so auch nicht.

Als ich meine thomaskochmedia gründete, hatte ich einen Traum. Ich wusste, wie meine ganz persönliche Art von Mediaplanung aussehen sollte. Eine Mischung aus den quantitativen Anforderungen des Jobs, gepaart mit unkonventionellen Wegen und viel Kreativität. Das gab es in der Zusammensetzung auf dem Markt nicht, also war die Alleinstellung – der berühmte »Blue Ocean« – garantiert. Ich spürte, dass es Kunden gab, die danach suchten. So weit also eigentlich ganz gute Voraussetzungen.

Aber ich hatte noch einen anderen Traum. Ich wollte keinesfalls mit ein paar Kunden und einigen Mitarbeitern glückselig Mediaplanung machen, sondern etwas Großes aufziehen. Nicht im Sinne einer Riesenagentur. Ich wollte etwas Bedeutendes schaffen. Ich wollte Aufmerksamkeit für unsere Arbeit. Den Markt vielleicht sogar sichtbar verändern. Wenn ich auf die 42 Jahre meines Berufslebens zurückblicke, habe ich Vieles erreicht, für das ich Anerkennung bekam und um das mich vielleicht der eine oder andere sogar beneidete. Aber es war sicher nicht mein unausweichliches Schicksal. Es wurde mir nicht in die Wiege gelegt. Es war nicht von Anfang an von einer höheren Macht so geplant. Ich erinnere mich noch gut an die plötzliche Eingebung, die mir während der Ausbildungszeit bei Rank Xerox kam: Ich wollte unbedingt Chef und von meinen Mitarbeitern geliebt werden. Das war naiv. Aber es war mein Traum. Und definitiv besser, als nie den Ehrgeiz zu entwickeln, ein Chef zu sein.

Chef bin ich also geworden. Sieben Mal. Sieben Firmen habe ich gegründet. Ob mich dabei alle Mitarbeiter immer geliebt haben? Ich glaube nicht. Aber ich glaube und hoffe, dass ich vielen Menschen etwas gegeben habe. Nicht einer Branche, nicht einer Firma, sondern den Menschen. Ich hoffe, ich könnte möglichst vielen Menschen eine Chance geben. Eine Perspektive. Eine Zukunft. Eine Ausbildung. Eine Weiterentwicklung. Ein Sprungbrett. Eine Aussicht. Eine Hoffnung. Vor allem aber Anerkennung. Und ein bisschen Glück. Wenn mir das gelungen ist, hat sich mein Traum erfüllt. Mancher würde vielleicht so weit gehen, zu behaupten, ich hätte eine ganze Branche beeinflusst, sie gar verändert. Ich hätte Spuren hinterlassen. Spuren zu hinterlassen ist ein schöner Gedanke, den ich gern zu meinem Leitsatz erklärt habe.

In Wirklichkeit sind es nämlich die kleinen Dinge, die Spuren hinterlassen. Wenn man viele kleine Erfolge aneinanderreiht, dann kann daraus eine tiefe Spur entstehen, die man hinterlässt. Das ist mir heute wichtig.

Natürlich kann nicht jeder Nobelpreisträger, Cannes-Gewinner oder Mediapersönlichkeit des Jahres werden. Das sind bestimmt auch nicht für jeden die richtigen Ziele im Leben. Es ist vielmehr die Perlenkette. Ein (Berufs-)Leben, das aus einer Aneinanderreihung glücklicher Momente besteht. Momente, die andere glücklich machen. Den Kollegen, den man fair behandelt und dessen Leistung man neidlos anerkennt. Den Kunden, dem man alles gibt, obwohl die Rendite auf seinem Etatkonto schon längst im Eimer ist. Dem Mitarbeiter, dem man eine zweite Chance gibt, egal ob er sie verdient hat oder nicht. Vielleicht ist das Größe. Sie kann nur aus einer Leidenschaft für die Sache entstehen. Aus der Anerkennung der Stärken und auch der Schwächen jedes Menschen, dem wir begegnen. Nur dann hat man die Chance, eine Spur zu hinterlassen.

Ich hoffe, das ist mir gelungen. Und ich hoffe, dieses Buch ist all denen eine Hilfe, die einen ähnlichen Weg gehen wollen. Egal in welcher Branche. Die Welt, Ihre unmittelbare, persönliche Welt, wird sich darüber freuen. Gehen Sie Ihren Weg. Und an diejenigen, die dies lesen, um in Erinnerungen zu schwelgen und um sich an meinen Erlebnissen und Anekdoten zu erfreuen: Danke für die Begleitung. Jeder von euch hat in meinem Leben Spuren hinterlassen. Und mir die Kraft gegeben, niemals nachzulassen.

Ausgekocht: Spuren im Leben anderer Menschen zu hinterlassen ist das begehrenswerteste aller Ziele. Kleine Spuren sind genauso wichtig wie große, denn viele kleine Spuren ergeben eine große.

42

Fehler? Ich? Meine sieben größten

Ja, ich habe meine Fehler und Schwächen. Einige werden Ihnen beim Lesen meiner Geschichten aufgefallen sein. Und einige sind mir erst beim Schreiben wirklich bewusst geworden. Ich komme auf sieben Fehler. Das ist gut, denn sieben ist eine magische Zahl. Mal sehen, was wir beide, Sie und ich, mit ihnen anfangen können.

Naivität

Wassermänner wie ich sind Träumer. Die oftmals damit verbundene Naivität ist mir offenbar angeboren und selbst durch Erfahrung nicht auszumerzen. Es ist falsch, jeder Situation und jedem Menschen mit purer Gutgläubigkeit zu begegnen. Beispiele dafür finden sich an unzähligen Stellen in diesem Buch. Nur selten bescherte mir meine Naivität eine Erfahrung, die ich nicht missen möchte. Häufiger sind Enttäuschungen. Wäre es mit gelungen, meine hundertprozentige Gutgläubigkeit herunterzuhandeln, sagen wir auf 80 % (da sind wir wieder bei Pareto), wäre mir manch bittere Enttäuschung erspart geblieben.

Ungeduld

Ungeduld ist ein zweischneidiges Schwert. Alle Machertypen sind ungeduldig. Sie wollen alles sofort. Sie dulden keine Aufschiebung – und schon gar keine Ja-aber-Menschen um sich. Ich hasse jede Art von Warten (ganz besonders in Schlangen und ganz besonders an Flughäfen). Was ich gelernt habe, ist, dass viele Menschen bei der Umsetzung von neuen Ideen und Projekten nur deshalb etwas mehr Zeit benötigen, weil sie es mit Bedacht, Liebe zum Detail und mit Gewissenhaftigkeit angehen. Hier kommt nun die Geduld ins Spiel. Erst wenn man die nötige Ungeduld und die notwendige Geduld in Balance bringt, wird ein Schuh daraus. Nicht einfach, aber empfehlenswert.

Nicht mit Geld umgehen zu können

Mit Geld umgehen konnte ich nie. Weder privat noch geschäftlich. Ich habe immer alles ausgegeben. Was einen privat vielleicht zu einem großzügigen Menschen macht, erweist sich im Geschäftsleben als Fehler. Als Geschäftsführer einer Firma mit Verantwortung für zehn oder hundert Menschen sollte man kaufmännische Fertigkeiten an den Tag legen, die das Geschäft stabilisieren und auch einmal durch unruhigeres Fahrwasser helfen. Ein bisschen mehr Profit auf der hohen Kante habe ich zwar glücklicherweise nie gebraucht, wäre aber gewiss besser gewesen und hätte mehr Luft geschafft für vernünftige Investitionen.

Egoismus

Ich bin wohl ein ziemlicher Egoist. Es fällt mir schwer, das zuzugeben. Vor dieser Erkenntnis habe ich stets versucht davonzulaufen. Gekleidet in das Argument »Nur wenn ich glücklich bin, kann ich auch andere glücklich machen« habe ich es schöngeredet. Spätestens beim Schreiben meiner

Anekdoten ist mir das bewusst geworden. Es bleibt zu hoffen, dass ich damit nur wenig Schaden angerichtet habe. Und, wenn auch spät, Besserung zu geloben.

Blindes Vertrauen

Menschen verdienen unser Vertrauen. Die Erfahrung lehrt jedoch, dass nicht jeder Gutes im Schilde führt. Von sich selbst dabei auf andere zu schließen erweist sich oft leider als Fehler. Manche Menschen laufen mit einer verborgenen Agenda durch die Welt, die man nicht so schnell erkennt. Ich sage das ohne Vorwurf. Wer weiß schon, was ihnen angetan wurde, dass sie so geworden sind. Man kann ihnen oft nicht einmal böse Absicht unterstellen. Aber ihnen besser aus dem Weg gehen, das kann man.

Nicht auf Rat zu hören

Natürlich muss man seinen Weg gehen. Man darf sich nicht durch fremde Meinungen davon abbringen lassen. Dazu rät jeder Karriereguru. Das muss jedoch nicht heißen, dass man gutgemeinte Ratschläge gänzlich in den Wind schlägt. So etwa den Rat eines befreundeten Controllers, ich solle mehr Kontrollen in die Finanzbuchhaltung einführen. Seinem – kostenlosen – Rat zu folgen hätte mir einen Betrag in sechsstelliger Höhe erspart. Es ist schwer einzusehen, dass man doch nicht alles kann und nicht alles weiß. Seit dieser Erkenntnis höre ich auf dem Ohr deutlich besser. Noch besser ist nur, den Fehler erst gar nicht zu begehen.

Nie ein Sabbatical genommen zu haben

Ich habe regelmäßig Urlaub genommen. Aber ich habe mir nie eine richtige Auszeit gegönnt. Zeit zum Runterkommen, zum Sinnieren, zur kritischen Innenschau. Eine schöpferische Pause, wenn Sie wollen. Ab wann ist ein Sabbatical ein Sabbatical? Ab drei Monaten, schätze ich. Nicht einmal nachdem ich bei Starcom hingeworfen hatte, kam es mir in den Sinn, obwohl es ganz einfach gewesen wäre. Nein, immer gleich weiter, niemals stehenbleiben. Heute fehlt es mir. Machen Sie den Fehler nicht. Nehmen Sie einmal im Leben eine Auszeit.

Ausgekocht: Der Mensch besteht nun einmal auch aus seinen Fehlern. Fehlerhaft wäre nur, sie nicht zu erkennen und nicht an ihnen zu arbeiten.

Epilog:
Das Leben als Droge

Jeder ist seines eigenen Glückes Schmied. Den Spruch haben Sie schon hundert Mal gehört. Aber leben und arbeiten Sie danach? Weder das Unternehmertum noch der Agenturerfolg lagen mir in der Wiege. Da bin ich mir sicher. Dass ich ausgewandert »wurde« und das Vergnügen hatte, in einem Land wie Kanada aufzuwachsen, konnte ich nicht beeinflussen. Dieser Umstand – und vor allem die Rückkehr nach Deutschland – hat gewiss einen anderen Menschen aus mir gemacht. Doch spätestens mit dem Ende meiner schulischen »Laufbahn« und dem Beginn der Ausbildung hatte ich mein Leben selbst in der Hand. Ab diesem Punkt war ich allein für alles verantwortlich, was ich aus dem Geschehen um mich herum machte. Welche Schlussfolgerungen ich zog, welche Entscheidungen ich traf. Es gab Menschen, die mich förderten, und solche, die sich mir in den Weg stellten. Weder die einen noch die anderen sind jedoch eine Erklärung oder Entschuldigung dafür, ob und wie ich mein Leben meisterte, was ich aus meinen Talenten machte.

Natürlich weiß ich nicht, welche Wende mein Leben genommen hätte, wenn ich zu Xerox nach Rochester gewechselt hätte. Wenn ich bei Ted Bates oder Ernst & Partner eine andere, verheißungsvollere Konstellation angetroffen hätte. Ich bin mir jedoch sicher, dass ich mich irgendwann selbständig gemacht hätte. Der ausgeprägte Wassermann in mir hätte nach dieser Freiheit gelechzt.

Dankbar bin ich sehr wohl. Und Grund, glücklich zu sein, habe ich reichlich. Dennoch erlaube ich mir auch, stolz zu sein. Nein, nicht auf mich. Auf das Erreichte. Auf die zahllosen Menschen, die meinen Weg begleiteten. Und die es heute noch tun. Denn das Leben ist mit 62 noch lange nicht vorbei. Ich blicke zurück auf 42 Jahre Agenturarbeit. Auf 42 Jahre, in denen ich Arbeit weder als Zumutung noch als Strapaze empfand. Wenn man so lange jeden Morgen aufgestanden ist und sich auf den neuen Tag gefreut hat, weil man wusste, auch dieser Tag verspricht ein Erlebnis, eine Erfahrung, ein kleines Geheimnis, das man nicht verpassen möchte, dann will man mehr davon. Immer mehr. So ist das Leben wie eine Droge. Wenn das Leben kein Adrenalin freisetzt, keine Lust, keine Sucht nach mehr – dann fühlt man sich wie der Schauspieler im falschen Film. Spätestens dann wird es Zeit, sich zu fragen, ob man am falschen Casting teilgenommen hat.

Deshalb bin ich absolut rentenresistent. Ich werde die Branche weiter nerven. Weiter in offenen Wunden bohren. Ich werde schon deshalb am Ball bleiben, weil wir in der Medienentwicklung gerade heute die spannendste Zeit der letzten hundert Jahre erleben. Schön blöd wäre ich, ausgerechnet jetzt auszusteigen. Ich werde erst dann aussteigen – das verspreche ich –, wenn sich ein Nachfolger bemerkbar macht. Jemand, der dem Profit- und Renditetreiben dieser Branche eine kritische Meinung entgegenhält. Oder gar eine Alternative entwickelt, die wieder die Menschen in den Mittelpunkt aller Bemühungen stellt: Die Menschen auf der Kundenseite, noch mehr die Menschen in den Agenturen und noch viel mehr die Menschen, die wir Zielgruppe nennen.

Wenn das nicht bald passiert, dann drohe ich hiermit, eine neue Mediaagentur zu gründen. Und das wollen Sie doch nicht, oder?

Chronologie der Agenturstationen

1969–1972 Lehrzeit bei Rank Xerox Düsseldorf
1972–1977 Mediaplaner bei Gramm & Grey Düsseldorf
1977–1978 Mediaplanungschef bei R. W. Eggert Düsseldorf
1978–1984 Geschäftsführer bei GGK Media Düsseldorf
1984–1985 Media Director bei Ted Bates Frankfurt
1985–1986 Media Director bei Ernst & Partner Düsseldorf
1987–2001 thomaskochmedia Düsseldorf
2002–2006 CEO tkm/Starcom Düsseldorf/Frankfurt
2007–2009 Mitglied der Geschäftsleitung Crossmedia
           Düsseldorf
Seit 2010 Mediaberatung tk-one
2012   Plural Media Services Berlin

Veröffentlichungen und Dialog

Wichtige Stationen außerhalb der Agenturwelt sind:
- Co-Autor *Fernsehen und Zeitschriften*/Stern Bibliothek
  1992, *Planen im Media-Mix*/Stern Bibliothek 1993, *Annual
  Multimedia* 2000–2013, *Focus Jahrbuch* 2006 und 2009,
  MEEDIA Jahrbuch 2012
- Autor: *Werbung nervt!*, JMB-Verlag 2014. *The Media
  Business For Pioneers*, MICT 2014
- Herausgeber *Clap*, www.clap-club.de, seit 2006
- Lehrauftrag an der Westfälischen Hochschule im Fachbe-
  reich Wirtschaft, Einführung in die Mediaplanung, seit 2008
- Blogs: www.wiwo.de (»Werbesprech«), www.wuv.de
  (»Mr. Media«), Absatzwirtschaft (www.marketing-site.de)
- Dialog: Twitter@ufomedia, Facebook unter Thomas Koch

Stimmen zu Thomas Koch

»Profiliertester Vordenker der deutschen Werbung«
  – *Capital* 1995
»Der Mann mit dem Geld« – *Der Spiegel* 1995
»Der Robin Hood im Media-Wood« – *Horizont* 1997
»Effenberg der Werbeszene« – *Werben & Verkaufen* 1998
»Deutschlands bekanntester und streitbarster
  Mediaexperte« – *media spectrum* 2007
»Media-Legende« – *Werben & Verkaufen* 2010
  und *MEEDIA* 2012
»Urgestein im Mediabusiness« – *Horizont* 2012
»Das Gewissen der Branche« – *Healthcare Marketing* 2012
»Guru der deutschen Media-Szene« – *Horizont* 2012
»Media-Reptil« – *Werben & Verkaufen* 2012
»Überexperte und Elder Schnurrbart der deutschen
  Agentur-Szene« – Sascha Lobo in *SpOn* 2012
»Mr. Media und Media-Guru« – *Werben & Verkaufen* 2013
»Entwicklungshelfer in Sachen Pressefreiheit«
  – *Impresso* 2013
»Unabhängiger Kommentator der Branche«
  – *brand eins* 2013

Bildnachweis

Privat: 13, 18, 26, 30, 39, 47, 65, 73, 81, 110, 122, 137, 159

Clap/Jens Bruchhaus & Michael Ingenweyen: 99

Roman Deckert: 170

Werben & Verkaufen: 137

Danke an ...

... Willi Schöneshöfer, der mir bei GGK die Chance gab, mein wahres Talent zu entdecken.

... Paul Gredinger, den Inhaber der GGK, der väterlich über mich wachte und mir beibrachte, was es heißt, im Job frei zu sein.

... Dieter Krämer und Heiner Jensen, die mir den Impuls zur Selbstständigkeit gaben und mir als Mitgesellschafter die Luft zum Atmen ließen.

... Prof. Dr. Paul Reichart, zuletzt an der Westfälischen Hochschule, meinen ältesten und treuesten Wegbegleiter, der mir ein Leben lang seine Freundschaft schenkte.

Vilim Vasata

Gaukler, Gambler und Gestalter

Persönliche Geschichten
aus einem erstaunlichen
Gewerbe

Gebunden mit Schutzumschlag.
www.econ.de

Ein persönliches Stück Werbegeschichte

Vilim Vasata ist Werbelegende und Gestalter aus
Leidenschaft. Seit über 50 Jahren beeinflusst er die
Branche. Von Audi bis BMW, von Tchibo bis Eduscho,
von Dr. Oetker bis Pizza Hut und von Stuyvesant bis
Camel hat er seine kreativen Spuren in der Welt der
Marken hinterlassen. »Gaukler, Gambler und Gestalter«
erzählt von rasanten Deals, herzhaften Triumphen und
gloriosen Niederlagen. Eine rasante Tour de Force
durch die Welt der Werbung und zugleich ein profun-
des Sinnbild seiner bahnbrechenden Arbeit.

»Eine bedeutende Geschichte der Werbung.«
Süddeutsche Zeitung

Econ

David Ogilvy

Geständnisse eines Werbemannes

Das Kultbuch vom Vater
der modernen Werbung

Klappenbroschur.
www.econ.de

Ein zeitloses und humorvolles Vermächtnis des »Grand Old Man« der Werbung

Mit seinen zum »Kult-Klassiker« gewordenen Geständnissen eines Werbemannes gibt David Ogilvy geniale und witzige Antworten auf die zentralen Fragen der Werbewelt. Seine einfachen, aber umso schlagkräftigeren Grundsätze gehören bis heute zur Pflichtlektüre für jeden, der es in der Werbebranche zu etwas bringen will. In der sich rasch wandelnden Werbewelt profitieren sowohl Einsteiger als auch Profis von den bis heute gültigen Prinzipien und richtungsweisenden Ideen eines der wichtigsten Werber unserer Zeit.

Econ